U0008941

Naked Cakes

裸 感 蛋 糕

LaVie⁺麥浩斯

裸感蛋糕

Naked Cakes

擺脫厚重奶油，
用莓果、花朵就能做出閃閃發光蛋糕

漢娜·邁爾斯 Hannah Miles _____ 著

史堤夫·潘特 Steve Painter _____ 攝影

林惠敏_____ 譯

LaVie⁺麥浩斯

Naked Cakes 裸感蛋糕

擺脫厚重奶油，用莓果、花朵就能做出閃閃發光蛋糕

獻給

在我撰寫此書時來到我生命裡的羅斯

國家圖書館出版品預行編目（CIP）資料

裸感蛋糕：擺脫厚重奶油，用莓果、花朵就能做
出閃閃發光蛋糕 / 漢娜.邁爾斯(Hannah Miles)作；
林惠敏譯. -- 初版. -- 臺北市：麥浩斯出版：家庭
傳媒城邦分公司發行, 2016.08
　面；　公分
譯自：Naked cakes : simply stunning cakes
ISBN 978-986-408-131-8(平裝)
1.點心食譜

427.16 　　　　　　　　　　　104029244

免責聲明

作者在此書食譜中使用符合食品安全、不含殺蟲劑的花朵和可食用花瓣做為裝飾。在切蛋糕前應先將花朵移除，請勿食用。若因食用花朵或花朵的部分而造成傷害或損害，作者和出版商均不負任何責任。

注意

● 只使用符合食品安全、不含殺蟲劑的花朵和花瓣來裝飾蛋糕。花朵僅供裝飾使用，應在切蛋糕前移除。花粉會引起過敏，不應與食物接觸。絕對不要食用裝飾用花朵，除非你肯定這麼做安全無虞。

● 為了方便起見，這些食譜包含英國（公制）和美國的測量單位（英制加美式量杯），但很重要的是，請固定使用一套測量單位，勿在兩種單位間變換。

● 除非另有說明，否則所有湯匙和杯子的度量都是以平匙、平杯計算。

● 除非另有說明，否則雞蛋分為中型（英國）或大型（美國）。未經烹煮或半生熟的蛋不應供給年長者、身體虛弱者、幼童、懷孕婦女或免疫系統不足者食用。

● 當食譜須要用到磨碎的柑橘水果皮時，請購買沒有上蠟的水果，並請在使用前仔細清洗乾淨。如果你只找到加工處理過的水果，請在使用前用熱的肥皂水刷洗乾淨。

● 烤箱應預熱至指定的溫度。我們建議使用烤箱溫度計。若使用旋風烤箱，請依使用說明調整溫度。

作者	漢娜・邁爾斯 Hannah Miles
攝影	史堤夫・潘特 Steve Painter
譯者	林惠敏
責任編輯	廖婉書
美術設計	郭家振
校對	倪焯琳
發行人	何飛鵬
事業群總經理	李淑霞
副社長	林佳育
主編	張素雯
出版	城邦文化事業股份有限公司麥浩斯出版
E-mail	cs@myhomelife.com.tw
地址	104 台北市中山區民生東路二段 141 號 6 樓
電話	02-2500-7578
發行	英屬蓋曼群島商家庭傳媒股份有限公司城邦分公司
地址	104 台北市中山區民生東路二段 149 號 10 樓
讀者服務專線	0800-020-299（09:30 ～ 12:00;13:30 ～ 17:00）
讀者服務傳真	02-2517-0999
讀者服務信箱	csc@cite.com.tw
劃撥帳號	1983-3516
劃撥戶名	英屬蓋曼群島商家庭傳媒股份有限公司城邦分公司
香港發行	城邦（香港）出版集團有限公司
地址	香港灣仔駱克道 193 號東超商業中心 1 樓
電話	852-2508-6231
傳真	852-2578-9337
馬新發行	城邦（馬新）出版集團Cite（M）Sdn. Bhd.（458372U）
地址	41, Jalan Radin Anum, Bandar Baru Sri Petaling, 57000 Kuala Lumpur, Malaysia.
電話	603-90578822
傳真	603-90576622
總經銷	聯合文化行銷股份有限公司
電話	02-26689005
傳真	02-26686220
製版	凱林製版・印刷
定價	新台幣 450 元／港幣 150 元

2016 年 8 月初版 1 刷
2017 年 12 月初版 4 刷・Printed In Taiwan

版權所有・翻印必究（缺頁或破損請寄回更換）

Naked Cakes © 2015 by Hannah Miles
First published in the United Kingdom
under the title Naked Cakes
by Ryland Peters & Small Limited
20-21 Jockey's Fields
London WC1R 4BW
All rights reserved.

Chinese complex translation copyright © My House Publication Inc., a division of Cite Publishing Ltd. arranged with Lee's Literary Agency.

目 錄

引 言

多年來，西方婚禮和基督教洗禮用的節慶蛋糕會用厚厚的一層糖衣和杏仁膏進行裝飾，生日蛋糕會鋪上濃郁的甘那許巧克力醬料和彩糖，杯子蛋糕上則堆滿了高高的糖霜。儘管這樣的蛋糕絕對佔有一席之地，但對我來說，這所有的裝飾都隱藏了蛋糕原本的美麗外觀。近來，簡單的海綿蛋糕再度崛起，取代了傳統覆以白色糖霜的婚禮蛋糕，而這些迷人的多層海綿蛋糕則是以花朵和水果裝飾。

「裸感蛋糕」的概念是一絲不掛的蛋糕。裝飾盡可能簡單，讓蛋糕本身如同餐桌上的核心裝飾品般閃耀。製作裸感蛋糕沒什麼嚴格的規則，唯一的基本要求就是讓海綿蛋糕的側面外露而不受覆蓋（儘管如此，只要你仍能透過糖衣看到海綿蛋糕，淋上一點糖衣，撒上一點糖粉，或是鋪上薄薄一層奶油糖霜，都是可以接受的）。

裝飾簡單，卻能引人注目。我最愛的裝飾方式之一，就是為各個海綿蛋糕層染上不同的顏色，修整烤過的邊緣後，讓色彩繽紛的蛋糕本身就是一種裝飾，而且呈現出美麗的漸層效果。可用如邦特蛋糕模[1]等造型蛋糕模來烤蛋糕，然後再撒上糖粉來強調蛋糕體的形狀，達到既美麗又無比簡單的裝飾效果，尤其是當中間鋪滿新鮮莓果時。或者，何不用自己花園裡摘下的花所製成的糖漬花環，來裝飾經典的維多利亞海綿蛋糕[2]呢？

當在特殊場合中，須要一個絕美的裝飾品時，本書所介紹的蛋糕絕對是最佳選擇。書中食譜大多採用基本的海綿蛋糕配方（見P.9），並再加以調味。

本書中的第一章「浪漫魅力」裸感蛋糕，適合為你生命中特殊人士賀賀的蛋糕，包含美麗的粉紅開心果夾心蛋糕（本書的封面，也是我最愛的食譜！），或是可做為可愛自然風婚禮蛋糕的心型夾心蛋糕。

若講到適合平日場合吃的漂亮蛋糕，在「時髦極簡」裸感蛋糕的食譜中，含有如迷你小柑橘蛋糕、迷你翻糖裸感蛋糕，以及用糖霜薄荷葉裝飾的美麗薄荷巧克力卷等簡單食譜發想。

在「復古優雅」的章節中，你能找到各式各樣可在任何宴會場合上，成為全場曯目焦點的蛋糕。鼓形蛋糕（timbale cake）堆疊在高高的蛋糕架上，簡單地撒上糖粉和擺上鮮花，看起來多麼漂亮。或者，何不試試從巴黎甜點師身上獲得的靈感，來製作出馬卡龍蛋糕呢！

「鄉村風情」的章節裡，有著以一圈圈含有美味草莓慕斯的瑞士卷所堆砌而成的美麗夏洛特皇家蛋糕（charlotte royale）。若要呈現純粹又簡單的裝飾，邦特蛋糕（Bundt cake）除了撒上糖粉來讓皇冠的形狀更加突顯外，幾乎不加其他裝飾，並且只用新鮮的莓果，為蛋糕增添額外的色彩。

若希望蛋糕有更精采的呈現，那你一定得試試「戲劇效果」章節裡的食譜。例如以櫻花樹枝裝飾的綠茶冰淇淋蛋糕，或吸睛的咖啡鳳梨蛋糕。棋盤蛋糕的黑白格子讓人眼前為之一亮，或者嘗試以漸層的綠色蛋糕，層層疊出薄荷白巧克力蛋糕。

最後的「四季更迭」章節包含受到一年四季所啟發的季節性蛋糕——夏季的薰衣草檸檬蛋糕、秋季的美味南瓜蛋糕，以及冬季帶有酥脆頂層的簡約風聖誕蛋糕。

不論什麼活動場合，《裸感蛋糕》的食譜都能讓你的賓客驚呼連連，並鼓舞他們享受簡樸海綿蛋糕的自然之美。

1 邦特蛋糕模（Bundt pan），一種中空環狀模。
2 維多利亞海綿蛋糕（Victoria sponge cake），據說是英國維多利亞女王在下午茶時間必吃的一款蛋糕，因而得名。

祕 訣 與 技 巧

漸層效果海綿蛋糕層

層層堆疊的單色海綿蛋糕，能為裸感蛋糕創造出漂亮的樣式。即便用同樣的顏色為海綿蛋糕上色，也能產生略為不同的細微差別。如此在堆疊時，蛋糕就會形成由深至淺的漸層效果。

當你依配方製作海綿蛋糕糊時，請在麵糊中加進幾滴食用色素拌勻。我個人會使用食用色素凝膠，因為它們較顯色，但液狀食用色素也一樣能發揮作用。請務必將食用色素完全拌勻。

若你製作的是四層蛋糕，先在麵糊中加進第一個顏色，再從攪拌碗中移出四分之一已被混合的材料。在進行此步驟時，我會先將混料推平，然後用橡皮刮刀劃分為四份，並將四分之一的混料挖進蛋糕模中。

接下來，在蛋糕糊中再加進幾滴食用色素，輕輕拌勻後，蛋糕糊的顏色會略為變深。不須加入很多食用色素來改變濃淡度，只須產生出漸進式的變化即可。接著，從蛋糕混料中移出三分之一，分別放入蛋糕模中。

重複同樣的步驟，在第三、第四份的蛋糕糊中再加進幾滴食用色素，然後按照食譜的指示烘烤蛋糕。

蛋糕烤好後，將蛋糕移至架上放涼。一旦蛋糕完全冷卻，就必須用利刀，小心地切去每塊蛋糕的邊，讓裡面已上色的海綿蛋糕露出來。必須待蛋糕完全冷卻後才能進行這個步驟，這點很重要，否則海綿蛋糕會裂開。為了切邊，我會將蛋糕平放在桌上，用利刀小塊小塊地切下，每切幾下就轉動蛋糕，這樣才能讓蛋糕保持圓形。

裝飾祕訣

本書中的食譜含有大量天然的美麗裝飾方法、食用花的使用、糖粉篩模[3]和新鮮水果的創意，但你也能盡情發揮自己的想像力。當我外出購物時，經常發現能將蛋糕裝飾成視覺焦點的完美裝飾靈感。因此，你得隨時睜大眼睛，因為創意俯拾即是。

若你打算使用新鮮花瓣做為可食用裝飾的一部分，很重要的一點，請確保它們在食用上安全無虞（見P.11）。許多搭配食物時所使用的花都具安全性，儘管可以食用，但嚐起來的味道卻很苦。因此，我建議只使用符合食品安全的花進行裝飾，並在切蛋糕之前將花移除。絕對不要食用裝飾用花朵，除非你肯定這麼做安全無虞。

若你沒有蛋糕裝飾模板，可以自行製作，用美工刀在厚紙板上裁出略大於蛋糕的模板，然後再裁出漂亮的花樣。裝飾蛋糕時，只要將模板擺在蛋糕上方，然後撒上厚厚一層糖粉或可可粉。如果你創意泉湧，甚至可以將兩種模板設計相互交疊，同時撒上糖粉和可可粉做為花樣裝飾。若時間不夠，只要以裝飾用的小桌墊（doily）代替即可。

還有一種簡單的裝飾是在蛋糕上綁上緞帶並打上蝴蝶結。這些飾品都可以從布行和商品齊全的百貨公司購入，而且有各種花樣和顏色可供使用。我通常會用大型的大頭針為緞帶做適當的固定，不過在使用前必須為大頭針消毒，而且在享用蛋糕前應小心地移除。

蛋糕份量的變化

本書中的食譜通常用來製作12—14人份的大型慶祝蛋糕，但如果你要舉辦較小型或更大型的聚會，也可以將食譜份量按比例減少或增加。

3　糖粉篩模（sugar stencil），針對糖粉或可可粉等細粉末設計的花樣模板，有多種細緻花樣，可在烘焙材料行或網路上購買。

若要將三層蛋糕簡化為雙層蛋糕，請將蛋糕糊的份量減少三分之一，並將烘烤的蛋糕模從三個減為兩個。

若你想做出更多層的大型蛋糕，可增加蛋糕糊混料的份量，並用更多的蛋糕模來製作更多的蛋糕層。如果你想將三層的圓形海綿蛋糕做成四層，只要將食譜的份量增加三分之一，再使用第四個蛋糕模即可。實際增加的蛋糕糊混料分量將依你使用的蛋糕模大小而定，因此無法在此提供精確的轉換值。

蛋糕的堆疊

本書中的蛋糕由於體積不大，而且也不須要額外的設備，因此很容易進行堆疊。為了堆疊蛋糕，只要將最大的蛋糕擺在蛋糕架或蛋糕盤的中央即可。依照食譜中的指示進行裝飾，然後繼續擺上下一塊蛋糕。很

重要的是，要將蛋糕直接擺在中央，讓蛋糕在疊放時保持平衡。若食譜中還有第三層蛋糕，請以同樣方式將最小塊的蛋糕擺在上面。

若你製作的是如婚禮蛋糕般的大型蛋糕，那麼你就要稍微改變堆疊的組合方式，以免蛋糕崩塌。將每塊蛋糕擺在和每層蛋糕同樣大小（或是略大）的輕型蛋糕底盤（lightweight cake board）上。先將最大的蛋糕擺在蛋糕底盤上，然後在蛋糕裡塞入幾根短木條，用以支撐下一層蛋糕。木條的高度必須和蛋糕相同，才不會外露——請仔細測量並裁成所須的大小。一插進木條，就擺上下一層的蛋糕和蛋糕底盤，重複同樣的步驟，直到疊完所有的蛋糕。我建議你將蛋糕個別運送至會場，然後在現場進行組裝，以確保最後呈現出很穩固的蛋糕。蛋糕底盤和木條可從烘焙專賣店或網路上購入。

基 本 的 海 綿 蛋 糕 混 料

這些基本配方適用於本書中大部分的食譜中。只要按照配方的要求選擇麵糊的份量，並依以下指示準備即可。

用電動攪拌器攪打碗中的奶油和糖，打至鬆發泛白。加入蛋並再度用電動攪拌器攪打。用橡刀刮刀拌入麵粉、泡打粉、白脫牛奶[4]或酸奶油（sour cream），攪拌勻勻。依食譜指示使用。

2 顆蛋的蛋糕糊	**4 顆蛋的蛋糕糊**	**5 顆蛋的蛋糕糊**	**6 顆蛋的蛋糕糊**
軟化奶油 115 克（1 條）	軟化奶油 225 克（2 條）	軟化奶油 280 克（2.5 條）	軟化奶油 340 克（3 條）
細砂糖 115 克（滿滿½大杯）	細砂糖 225 克（滿滿 1 大杯）	細砂糖 280 克（1.5 大杯）	細砂糖 340 克（1¾大杯）
蛋 2 顆	蛋 4 顆	蛋 5 顆	蛋 6 顆
過篩的自發麵粉 115 克（滿滿¾大杯）	過篩的自發麵粉 225 克（1¼大杯）	過篩的自發麵粉 280 克（滿滿 2 大杯）	過篩的自發麵粉 340 克（2.5 大杯）
泡打粉 1 小匙	泡打粉 2 小匙	泡打粉 2.5 小匙	泡打粉 3 小匙
白脫牛奶或酸奶油 1 大匙	白脫牛奶或酸奶油 2 大匙	白脫牛奶或酸奶油 2.5 大匙	白脫牛奶或酸奶油 3 大匙

---

4 白脫牛奶（buttermilk）：又稱酪漿、酪乳、乳奶，是製作奶油時所產生的副產品，喝起來像是帶有酸味的牛奶，常用於美式烘焙。除了可保持蛋糕的濕潤度以外，其酸味有助其他材料的融合，讓蛋糕變得更蓬鬆柔軟。一般超市或美式大賣場均有販售，若沒有白脫牛奶，亦可用原味優格、酸奶油，或是加入檸檬汁或塔塔粉的牛乳來代替。

可 食 用 花 的 使 用

花朵用於料理中已有數百年之久，它們的自然美能成為裸感蛋糕的最完美裝飾之一。可食用花的種類不勝枚舉，而且可做為鮮花或糖漬的形式來使用。但有些花仍具毒性，因此，除非確定安全無虞，否則千萬不要食用裝飾用的花，也不能使用已噴灑化學藥劑或殺蟲劑的花朵，否則對人體有害。

可食用花清單

以下清單由我出色的朋友和食用花專家凱西·布朗（Kathy Brown）收集匯整而成，我永遠感謝凱西帶領我走進她種滿可食用花的花園，並與我分享她對花的知識和愛。千萬不要食用裝飾用花，除非你確定這麼做安全無虞。

蜀葵 Hollyhocks（Alcea rosea）[5]

檸檬馬鞭草 Lemon Verbena 的花和葉（Aloysia triphylla）

牛舌草 Anchusa（Anchusa azurea）

時蘿花 Dill flowers（Anethum graveolens）

雛菊 Daisy（Bellis perennis）

琉璃苣 Borage（Borago officinalis）

金盞花 Pot Marigolds（Calendula officinalis）

甘菊 Chamomile（羅馬洋甘菊〔Chamaemelum nobile〕）

柑橘類花 Citrus flowers（橙〔citrus sinensis〕和檸檬〔citrus limon〕）

番紅花 Saffron（Crocus sativus）

櫛瓜花 Courgette flowers（Cucurbita pepo var courgette、marrow）

高山石竹 Alpine Pinks（Dianthus）

芝麻菜的花 Salad Rocket flowers（Erucu vesicaria ssp. sativa）

小茴香花 Fennel flower（Foeniculum vulgare）

香豬殃殃 Sweet Woodruff（Galium odoratum）

向日葵花瓣 Sunflower petals（Helianthus annuus）

萱草 Day Lily（Hemerocallis）

蘿蔔花 Sweet Rocket（歐亞香花芥〔Hesperis matronalis〕）

朱槿 Hibiscus（Hibiscus rosa-sinensis）

啤酒花 Hops（蛇麻〔humulus lupulus〕）

牛膝草 Hyssop（神香草〔Hyssopus officinalis〕）

薰衣草 Lavender（Lavendula angustifolia）

虎皮百合 Tiger Lily（卷丹〔Lilium lancifolium〕）

蘋果薄荷 Apple Mint（Menthe suaveolens）

香檸檬 Bergamo（蜂香薄荷〔Monarda didyma〕）

歐洲沒藥 Sweet Cicely（Myrrhis odorata）

羅勒花 Basil flowers（Ocimum basilicum）

旱金蓮 Nasturtium（Tropaeolum majus）

月見草 Evening primrose（Oenothera biennis）

牛至 Wild marjoram/oregano（Origanum vulgare）

芳香天竺葵 Scented Geraniums（Pelargonium）

黃花九輪草 Cowslip（Primula veris）

歐洲報春 Primrose（報春花屬〔Primula vulgaris〕）

玫瑰 Rose（薔薇〔Rosa〕）

迷迭香 Rosemary（Rosmarimus officinalis）

鼠尾草花 Sage flowers（Salvia officinalis）

蒲公英 Dandelion（Taraxacum officinale）

百里香 Thyme（Thymus vulgaris）

幸運草花 Clover flowers（紅菽草〔Trifolium pratense〕）

香菫菜 Sweet violet（Viola odorata）

菫菜 Viola（菫菜〔Viola〕）

檸檬香蜂草 Lemon balm（Melissa officinalis Aurea）

糖霜花瓣

為了替可食用花及葉片進行糖漬，你須要一個蛋白和一些細砂糖。務必確保花和葉片都完整無缺且潔淨。用打蛋器將蛋白打至產生很多泡沫，然後用小而乾淨的水彩筆將蛋白塗在花瓣、花朵或葉片的前後端，再撒上細砂糖。最好為花瓣、花朵或葉片撒上薄一層糖。重複同樣的步驟，一次一片，為所有的花瓣、花朵或葉片撒上糖，然後擺在烤盤內的矽膠烤盤墊或烤盤紙上。擺在溫暖處晾乾一整晚。晾乾後將花瓣、花朵或葉片輕輕地疊在烤盤紙上，儲存在密封容器中。這些糖漬花瓣、花朵或葉片可存放1—2個月。

---

5 括號裡皆為英文學名。

Romantic Charm

浪 漫 魅 力

開心果多層蛋糕 *Pistachio layer cake*

在蛋糕糊裡加入食用色素，便能讓裸感蛋糕擁有最漂亮的裝飾。將蛋糕糊分成幾碗，分別混入不同份量的食用色素，就能完成具漸層色彩的多層蛋糕，在任何宴會的餐桌上都能大放異彩。我個人的版本是營造從亮粉紅到淡粉紅的效果，再填入淡綠色的開心果內餡。若你不愛放堅果，只要改用鮮奶油和果醬來堆疊蛋糕即可。

純香草精（pure vanilla extract）3 小匙
6 顆蛋的蛋糕糊配方1份（見 P.9）
粉紅食用色素凝膠

開心果霜

去殼開心果 200 克（1⅓ 杯）
糖粉滿滿 2 大匙
高脂鮮奶油（double/heavy cream）600 毫升（2⅓ 杯）

20 公分（8 吋）的圓形蛋糕模（round cake pan）5 個，塗油並鋪上烤盤紙
裝有圓形擠花嘴的擠花袋 1 個

12 人份

製作開心果內餡。用食物處理機將四分之三的開心果和糖粉快速打成極細的碎屑。在你準備好要堆疊蛋糕前先擺在一旁。將剩餘的開心果約略切碎，然後擺在一旁準備做為裝飾用。

將烤箱預熱至 180℃（350 ℉）瓦斯烤箱刻度 4。

將香草精拌入蛋糕糊，並將混料均分至 5 個碗。在每個碗中加入一點食用色素，先在第一個碗中加入極少量的食用色素，然後在每個碗中漸漸增加食用色素的用量，如此便可製成具漸層色彩的麵糊。將每碗麵糊舀入蛋糕模中（如果你沒有 5 個蛋糕模，就分批烘烤蛋糕，每次烤完後要清洗蛋糕模、塗油，再鋪上烤盤紙）。烤 20 — 25 分鐘，烤至用手按壓，蛋糕會彈回，而且用刀子插入每塊蛋糕的中心，刀子不會沾附麵糊為止。讓蛋糕在模中放涼幾分鐘，然後在網架上脫模，放至完全冷卻。

如果蛋糕的邊緣在烘烤期間稍微烤焦，待冷卻後就立刻用利刀小心地修邊，讓粉紅色露出來。

將高脂鮮奶油連同磨碎的開心果和糖粉的混料一起放入一個大碗，用電動攪拌機或打蛋器打發至形成直立尖角。將打好的奶油霜舀入擠花袋。

先將顏色最深的粉紅色蛋糕擺到蛋糕盤上，然後擠上厚厚一層螺旋狀的奶油霜，務必要將奶油霜擠至蛋糕的邊緣。其餘蛋糕也以同樣方式進行，並按顏色順序從深色堆疊至淺色。放上最後一層蛋糕後，就用抹刀或金屬刮刀將奶油霜的邊緣抹平。在頂端擠上一層奶油霜，用抹刀或金屬刮刀抹至光滑平整，然後將切碎的開心果輕輕壓在奶油霜周圍。

直接端上桌或冷藏儲存至準備要享用的時刻。由於蛋糕含有鮮奶油，冷藏最多可保存 2 日，建議在製作當天食用完畢。

情人節多層蛋糕 *Valentine's layer cake*

這個以新鮮玫瑰裝飾的三層心形蛋糕，不論是在婚宴還是特別的生日宴會上，都會是完美的慶祝裝飾品。心形蛋糕模可從商品齊全的烘焙材料行和網路上購入，也可以用租的。若你沒有心形的蛋糕模，可自行將三塊方形蛋糕裁成心形 —— 使用下方的尺寸做為參考；將心形畫在一張紙板上，然後將心形剪下做為模板，然後用利刀將蛋糕裁成心形。若你想將這個蛋糕製作成雙層的較小版本，只須使用一半的麵糊和兩個較小的心形蛋糕模。

純香草精 2 小匙
4 顆蛋的蛋糕糊配方 2 份（見 P.9）
符合食品安全、不含殺蟲劑的粉紅色花朵，如玫瑰

糖霜
奶油起司 100 克（將近 1 杯）
過篩糖粉 500 克（3.5 杯）
軟化奶油 50 克（3.5 大匙）
牛乳少許（如有須要）

16 公分（6.5 吋）、20 公分（8 吋）、26 公分（10.5 吋）的心形蛋糕模各 1 個，塗油並鋪上烤盤紙

20 人份

將烤箱預熱至 180℃（350 ℉）瓦斯烤箱刻度 4。

將香草精拌入混料，並將麵糊分裝至蛋糕模，小的蛋糕模中放少一點，大的蛋糕模放多一點，並讓所有蛋糕模中的麵糊均達到相同的高度。

烘烤蛋糕約 40 — 55 分鐘，烤至用手按壓，蛋糕會彈回，而且用刀子插入每塊蛋糕的中心，刀子不會沾附麵糊為止。較小的蛋糕所須的烘烤時間比較大的蛋糕短，因此在烘烤結束前請經常確認烘烤狀況。讓蛋糕在模中放涼幾分鐘，然後在網架上脫模，放至完全冷卻。

製作糖霜。將奶油起司、糖粉和奶油一起打至形成滑順濃稠的糖霜，如果過稠就加入少許牛乳。

用大型鋸齒刀將每塊蛋糕橫切半，在兩塊切半蛋糕中間抹上薄薄一層糖霜。將最大塊的心型蛋糕擺在蛋糕底盤上，在整個表面鋪上一層糖霜，並將側面的糖霜刮得很薄，讓人可以透過糖霜看見裡面的蛋糕。疊上中等大小的心形蛋糕，並重複以上步驟，最小的蛋糕也以同樣方式進行，堆疊出一個心形蛋糕，而且全鋪上一層薄薄的奶油霜。讓糖霜凝固，然後用玫瑰裝飾每層蛋糕的周圍。

若你使用整朵花進行裝飾，那這些花就不能食用（莖和花的內部非常苦），因此只做為裝飾，並應在切蛋糕時移除。千萬不要食用裝飾用花，除非你確定這麼做安全無虞。

蛋糕在密封容器中最多可保存 2 日，建議在製作當天食用完畢。

草莓香醍多層蛋糕

Strawberry layer cake with Chantilly cream

這是個滿佈鮮奶油、新鮮莓果，而且散發出香草氣息的完美夏季蛋糕。若你想製作較小型款，可以使用 4 顆蛋的蛋糕糊，改用較小的 20 公分（8 吋）的方形蛋糕模，並將鮮奶油和香草的份量減半。如果可以的話，請在香醍鮮奶油中加入真正的香草籽而非香草精，風味更佳。如果你夠幸運找到野生草莓，它們會是美麗的裝飾。

香草豆粉 1 小匙或純香草精 2 小匙
6 顆蛋的蛋糕糊配方 1 份(見 P.9)
草莓 600 克（21 盎司）
草莓果醬 5 大匙
糖粉（撒在表面）
裝飾用草莓葉少許

香醍鮮奶油

高脂鮮奶油 600 毫升（2.5 杯）
香草豆粉 1 小匙或 1 根香草莢的籽
過篩糖粉 2 大匙

20 公分（8 吋）、25 公分（10 吋）的方形活底蛋糕模各 1 個，塗油並鋪上烤盤紙

18人份

將烤箱預熱至 180℃（350 °F）瓦斯烤箱刻度 4。

將香草拌入蛋糕糊，將混料舀至蛋糕模，將約三分之二的蛋糕糊倒入較大的蛋糕模，剩餘的三分之一倒入較小的模中，並讓蛋糕糊的高度相等。在預熱好的烤箱內烘烤 30 — 40 分鐘，烤至蛋糕呈現金棕色，用手按壓，蛋糕會彈回，而且用刀子插入每塊蛋糕的中心，刀子不會沾附麵糊為止。較小的蛋糕所須的烘烤時間比較大的蛋糕短，因此在烘烤結束前請經常確認烘烤狀況。讓蛋糕在模中放涼幾分鐘，然後在網架上脫模，放至完全冷卻。

製作香醍鮮奶油。將鮮奶油、香草和糖粉放入大碗，打發至形成直立尖角。

預留 1、2 顆完整的草莓做為裝飾，然後將其餘的草莓去蒂並切片。

用大型鋸齒刀將每塊蛋糕橫切成兩半。將較大塊且做為底層的半塊蛋糕擺到蛋糕盤上，在整個表面鋪上香醍鮮奶油。再鋪上一些切片草莓和 3 大匙的草莓果醬。蓋上另一半的大蛋糕，並在上面撒上糖粉。舀 1 大匙的果醬擺在中央，並稍微抹開，讓果醬保持在中央，才能被待會兒擺上的較小塊蛋糕完全覆蓋（也有助於固定較小的蛋糕）。將較小塊且為底層的半塊蛋糕擺到果醬上，然後用香醍鮮奶油、剩餘的草莓和果醬重複上述步驟。擺上另一半的小蛋糕並撒上糖粉。用預留的完整草莓和少許草莓葉進行裝飾。在切蛋糕前必須將草莓葉移除。

直接端上桌或冷藏儲存至準備要享用的時刻。由於蛋糕含有鮮奶油，建議在製作當天食用完畢。

土耳其軟糖蛋糕 *Turkish delight cake*

有著粉紅和黃色分層，並在頂端堆上閃耀土耳其軟糖的迷人蛋糕，看起來如畫般美麗。它散發出的玫瑰花香襯托出土耳其軟糖的風味，並以玫瑰花瓣奶油霜和玫瑰果醬做為內餡。若你發現玫瑰的味道過於強烈，只要改用原味鮮奶油和覆盆子果醬即可，口感同樣美味。

玫瑰糖漿或玫瑰花水 1 大匙
4 顆蛋的蛋糕糊配方 1 份（見 P.9）
粉紅食用色素
玫瑰果醬（或覆盆子果醬）3 大匙
糖粉（撒在表面）
粉紅色和黃色的土耳其軟糖（切成小塊）

玫瑰奶油

可食用、不含殺蟲劑的芳香玫瑰花瓣 1 把
玫瑰糖漿 1 大匙
過篩糖粉 1 大匙
無味油 1 大匙（如植物油或葵花油）
高脂鮮奶油 400 毫升（1¾ 杯）

20 公分（8 吋）的圓形蛋糕模 2 個，塗油並鋪上烤盤紙

10 人份

將烤箱預熱至 180℃（350 °F）瓦斯烤箱刻度 4。

用刮刀將玫瑰糖漿拌入蛋糕糊，然後將一半的混料舀至其中一個蛋糕模。在剩餘的蛋糕糊中加入幾滴粉紅色食用色素，攪打至顏色均勻。將粉紅色的蛋糕糊舀進第 2 個蛋糕模。烘烤 25 — 30 分鐘，烤至用手按壓，蛋糕會彈回，而且用刀子插入每塊蛋糕的中心，刀子不會沾附麵糊為止。讓蛋糕在模中放涼幾分鐘，然後在網架上脫模，放至完全冷卻。

製作玫瑰奶油內餡。在食物處理機中將玫瑰花瓣、玫瑰糖漿、糖粉和油快速打成糊狀。將玫瑰糊和鮮奶油一起放入攪拌碗，打發至形成直立尖角。

用大型鋸齒刀裁去蛋糕邊緣，露出裡面的粉紅色和黃色海綿蛋糕。將每塊蛋糕橫切。將其中半塊粉紅蛋糕擺在蛋糕盤上，然後將三分之一的玫瑰奶油餡鋪在表面。放上一點果醬，稍微抹開，再放上其中半塊的黃色蛋糕。重複塗奶油餡和果醬的步驟，直到四個半塊蛋糕都依顏色交互相疊。再用抹刀或金屬刮刀將奶油餡的邊緣抹平。

在蛋糕頂端撒上一些糖粉，然後用土耳其軟糖在蛋糕頂端進行裝飾。

直接端上桌或冷藏儲存至準備要享用的時刻。由於蛋糕含有鮮奶油，冷藏最多可保存 2 日，建議在製作當天食用完畢。

袖珍婚禮蛋糕 *Miniature wedding cakes*

我非常喜愛這些袖珍婚禮蛋糕——它們如此漂亮，而且可以讓人在裝飾上盡情發揮創意。甚至可以用它們來取代婚禮上的主要蛋糕，讓每名賓客都擁有一份個人蛋糕。這些蛋糕以極薄的翻糖覆蓋，將蛋糕密封，讓蛋糕能夠完善保存數日。可自行選擇用任何方式為蛋糕調味，因為這些只是單一口味的海綿蛋糕，但也可依個人喜好加入檸檬皮、巧克力豆，或是一點蘋果泥。讓創意有無限的可能！

5 顆蛋的蛋糕糊配方 1 份（見 P.9）
翻糖／過篩糖粉 400 克（2¾杯）
符合食品安全的花，如不含殺蟲劑的玫瑰，或糖花（裝飾用）

糖衣

過篩糖粉 250 克（1¾杯）
軟化奶油 10 克（½大匙）
奶油起司 1 大匙
香草豆粉 ½ 小匙或純香草精 1小匙
牛乳少許（如有須要）

40×28 公分（16×11 吋）的淺方形蛋糕模 1 個，塗油並鋪上烤盤紙
9 公分（3.5 吋）、6.5 公分（2.5吋）、4 公分（1.5 吋）的圓形切割器

6 個

將烤箱預熱至 180℃（350 ℉）瓦斯烤箱刻度 4。

將蛋糕糊舀至蛋糕模，在預熱好的烤箱內烘烤 30 — 40 分鐘，烤至蛋糕呈現金棕色，用手按壓，蛋糕會彈回，而且用刀子插入每塊蛋糕的中心，刀子不會沾附麵糊為止。讓蛋糕在模中放涼幾分鐘，然後在網架上脫模，放至完全冷卻。

製作奶油霜。將糖粉、奶油、奶油起司和香草一起攪打至形成滑順濃稠的糖衣，如果過稠就加入少許牛乳。

用切割器切出 6 個圓形蛋糕。在每塊中型尺寸的圓形蛋糕底部抹上少許奶油霜，並各放在大型圓蛋糕上，再放上小型圓蛋糕，用少許奶油霜固定在每疊蛋糕上，如此便可製成 6 個袖珍婚禮蛋糕。

製作糖衣。將翻糖／糖粉和 80 — 100 毫升（約 ⅓ 杯）的水加熱至形成滑順、軟黏，而且幾乎半透明的糖衣。將 6 個蛋糕擺在網架上，下方鋪上鋁箔紙或烤盤紙，盛接滴落的糖衣。為蛋糕淋上薄薄一層糖衣，讓蛋糕被糖衣完全覆蓋。若你使用的是糖花，應在糖衣凝固前擺上糖花。若不使用糖花，就讓糖衣凝固。將利刀塞至每塊蛋糕下方，將蛋糕從網架上移開。

在準備將蛋糕端上桌前，再用鮮花裝飾每塊蛋糕。若使用整朵花進行裝飾，那這些花就不能食用（莖和花的內部非常苦），只做為裝飾，並應在切蛋糕時移除。千萬不要食用裝飾用花，除非你確定這麼做安全無虞。

蛋糕最多可在密封容器中保存 3 日。

蜜桃蛋白霜多層蛋糕

Peach melba meringue layer

知名歌手內莉·梅爾巴女爵士（Dame Nellie Melba）喜愛的復古甜點 —— 蜜桃冰淇淋（peach melba）—— 冰淇淋和蜜桃的組合，就是這道讓人感到放縱的蛋糕的靈感來源。搭配酥脆的蛋白霜脆餅、燉煮蜜桃、覆盆子和鮮奶油，任何特殊場合都非常適合端出這道蛋糕。若想製作較小型的蛋糕，只要將蛋白霜與蛋糕的份量減半，而且只要製作一層的蛋糕和一塊蛋白霜餅即可。

香草醬（vanilla bean paste）
或純香草精 1 小匙
4 顆蛋的蛋糕糊配方 1 份（見 P.9）
糖粉（撒在表面）

蛋白霜餅

蛋白 4 個
細砂糖 225 克（1 杯加 1 大匙）

蜜桃內餡

桃子 8 顆
高脂鮮奶油 500 毫升（2 杯），
打發
覆盆子 400 克（14 盎司）

20 公分（8 吋）的圓形蛋糕模
2 個，塗油並鋪上烤盤紙
烤盤 2 個，鋪上烤盤紙

12人份

將烤箱預熱至 140℃（275 °F）瓦斯烤箱刻度 1。

製作蛋白霜餅。用手持式電動攪拌棒將蛋白攪打發至形成直立尖角。加糖，一次加一匙，在每加入一匙糖後攪打，直到形成濃稠有光澤的蛋白霜，而且在將攪拌器舉起時，蛋白會直立形成尖角狀。

在烤盤上製作兩個 20 公分（8 吋）的圓形蛋白霜餅，在頂端做出漩渦狀的裝飾尖角。在預熱好的烤箱中烘烤 1.5 小時，直到蛋白霜餅變得酥脆，然後在烤盤上放涼。將烤箱溫度調高至 180℃（350 °F）瓦斯烤箱刻度 4。

將香草拌入蛋糕糊，並將混料均分至準備好的蛋糕模。烘烤 20 — 30 分鐘，烤至蛋糕呈現金棕色，用手按壓，蛋糕會彈回，而且用刀子插入每塊蛋糕的中心，刀子不會沾附麵糊為止。讓蛋糕在模中放涼幾分鐘，然後在網架上脫模，放至完全冷卻。

將桃子放入碗中，然後倒入沸水，讓沸水淹過桃子。靜置數分鐘後將水倒掉。在桃子冷卻至可用手拿取時，剝皮，因為熱水會讓皮變鬆。去掉果核並將果肉切片。

進行組裝，將一塊蛋糕擺在蛋糕盤上，撒上糖粉。擺上三分之一的打發鮮奶油並鋪上一半的桃子片。放上一片蛋白霜餅，再蓋上三分之一的鮮奶油和覆盆子。接下來擺上第 2 塊海綿蛋糕，撒上糖粉。鋪上剩餘的鮮奶油和桃子。最後再放上第 2 片的蛋白霜餅，然後撒上更多的糖粉。

直接端上桌或是冷藏儲存至準備要享用的時刻。由於蛋糕含有鮮奶油，冷藏最多可保存 2 日，建議在製作當天食用完畢。

玫瑰花瓣蛋糕 *Rose petal cake*

我偏好在烘焙時使用玫瑰花瓣——每當花園的空氣中充滿玫瑰花香時，它們細緻的芳香都提醒我溫暖的夏天到了。這是大型的蛋糕，非常適合在慶祝活動中搭配茶飲享用。

香草精 2 小匙
6 顆蛋的蛋糕糊配方 1 份（見 P.9）
可食用乾燥玫瑰花瓣（裝飾用）

花瓣

不含殺蟲劑的可食用玫瑰花瓣
蛋白 1 個
玫瑰花水 1 小匙
糖粉（撒在表面）

餡料

不含殺蟲劑的可食用玫瑰花瓣
1 把
玫瑰糖漿 1 大匙
糖粉 1 大匙
高脂鮮奶油 400 毫升（1 ¾ 杯）
玫瑰花瓣果醬

水彩筆 1 支
烤盤 1 個，鋪上矽膠墊或烤盤紙
20 公分（8 吋）的圓形蛋糕模 3 個，塗油並鋪上烤盤紙
裝有大的星形擠花嘴的擠花袋 1 個

10 人份

先製作糖霜玫瑰花瓣，因為這些花瓣須風乾一整夜。將蛋白和玫瑰花水一起攪打至起很多泡沫。用水彩筆將蛋白塗在花瓣的前後兩面，然後撒上糖。將糖從花的上方撒落，並在下方擺一個盤子盛接多餘的糖。所有的花瓣都以同樣方式進行，一次撒一片，然後擺在準備好的烤盤上。置於溫暖處風乾一整夜。乾燥後，將花瓣儲存在密封容器中備用。

將烤箱預熱至 180℃（350 ℉）瓦斯烤箱刻度 4。

將香草拌入蛋糕糊，並將混料均分至蛋糕模。烘烤 20 — 30 分鐘，烤至蛋糕呈現金棕色，用手按壓，蛋糕會彈回，而且用刀子插入每塊蛋糕的中心，刀子不會沾附麵糊為止。讓蛋糕在模中放涼幾分鐘，然後在網架上脫模，放至完全冷卻。

製作餡料。將玫瑰花瓣連同玫瑰糖漿和糖粉一起放入食物處理機，快速打成膏狀。將玫瑰花瓣膏和鮮奶油放入大碗，用電動攪拌器打發至形成直立尖角。再填入擠花袋中。

先將一塊蛋糕擺至盤子上，擠上三分之一的玫瑰奶油霜。放上一些玫瑰花瓣果醬。擺上第 2 塊蛋糕，鋪上三分之一的奶油霜和更多的玫瑰花瓣果醬。擺上最後一塊蛋糕。用抹刀或金屬刮刀鋪上最後剩餘的玫瑰奶油霜，然後用糖霜玫瑰花瓣裝飾在中央，並以可食用的乾燥玫瑰花瓣在邊緣排成環狀。

直接端上桌或冷藏儲存至準備要享用的時刻。由於蛋糕含有鮮奶油，冷藏最多可保存 2 日，建議在製作當天食用完畢。

那不勒斯蛋糕 *Neapolitan cakes*

漂亮的多層蛋糕是從經典的粉紅、白色和棕色的多層那不勒斯冰淇淋所獲得的靈感。一層濃郁的巧克力，一層簡單的香草，以及一層漂亮的草莓海綿蛋糕層，這些蛋糕的順序可依個人喜好隨意組合。

6 顆蛋的蛋糕糊配方 1 份（見 P.9）
融化的純／苦甜巧克力 100 克
（3.5 盎司）
香草精 1 小匙
粉紅食用色素凝膠

餡料
過篩糖粉 500 克（3.5 杯）
軟化奶油 30 克（2 大匙）
香草豆粉 ½ 小匙或純香草精 1
小匙
牛乳少許（如有須要）
粉紅食用色素凝膠幾滴
過篩的無糖可可粉 2 大匙

裝飾用
巧克力刨花 2 大匙
壓碎的蜂巢脆餅
（honeycomb）2 大匙
冷凍乾燥覆盆子或草莓碎片 2
大匙

20 公分（8 吋）的方形蛋糕模
3 個，塗油並鋪上烤盤紙
4 公分（1.5 吋）的圓形甜點
／餅乾切割器 1 個

16 人份

將烤箱預熱至 180℃（350 ℉）瓦斯烤箱刻度 4。

將蛋糕糊均分至 3 個碗。在其中一個碗中加入融化的巧克力。輕輕地拌勻，然後舀進蛋糕模。將香草加進第 2 個碗中並拌勻，再舀進另一個蛋糕模中。最後滴幾滴粉紅食用色素凝膠到第 3 個碗，然後將混料舀進最後一個蛋糕模。

在預熱好的烤箱內烘烤蛋糕 20 — 25 分鐘，烤至蛋糕摸起來結實，而且用刀子插入每塊蛋糕的中心，刀子不會沾附麵糊為止。讓蛋糕在模中放涼幾分鐘，然後在網架上脫模，放至完全冷卻。

製作奶油霜餡料。將糖粉、奶油和香草一起攪打至形成滑順濃稠的糖衣，若混料過稠就加入少許牛乳。將奶油霜分裝至 3 個碗。在其中一份奶油霜中加入少許粉紅食用色素凝膠，並在另一份加入過篩的可可粉；第 3 份保留原味。

進行組裝，使用切割器將每塊蛋糕切成 16 個圓形。依個人喜歡的順序，將 3 塊不同顏色的蛋糕，藉著不同口味的奶油霜疊在一起，用抹刀或金屬刮刀將奶油霜抹開。

最後撒上裝飾用材料：在巧克力蛋糕頂端撒上巧克力刨花，在白色蛋糕頂端撒上壓碎的蜂巢脆餅，並在粉紅蛋糕頂端撒上冷凍乾燥的覆盆子或草莓碎片。

蛋糕在密封容器中最多可保存 2 日，建議在製作當天食用完畢。

紅絲絨蛋糕 *Red velvet cake*

紅絲絨蛋糕是美國人的最愛，用可可和巧克力調味，並用紅色食用色素染色。這道蛋糕裹上薄薄的一層奶油霜，再以白玫瑰進行裝飾，它會是一道令人驚豔的婚禮蛋糕。

無糖可可粉 60 克／將近⅔杯
6 顆蛋的蛋糕糊配方 1 份（見 P.9）
融化的純／苦甜巧克力 100 克
（3.5 盎司）
紅色食用色素凝膠
符合食品安全、不含殺蟲劑的
白玫瑰（裝飾用）

糖霜

奶油起司 200 克（將近 1 杯）
過篩糖粉 400 克（2¾杯）
軟化奶油 50 克（3.5 大匙）
牛乳少許（如有須要）

20 公分（8 吋）的圓形蛋糕模
3 個，塗油並鋪上烤盤紙
12 公分（5 吋）的圓形彈簧扣
蛋糕模 2 個，塗油並鋪上烤盤
紙

14 人份

將烤箱預熱至 180℃（350 ℉）瓦斯烤箱刻度 4。

在蛋糕糊上方過篩可可粉，然後用刮刀連同融化的巧克力和幾滴紅色食用色素一起拌勻。將混料分裝至蛋糕模，在較小的蛋糕模中放少一點，較大的蛋糕模放多一點，讓麵糊都達到相同的高度。烘烤約 20 — 25 分鐘，烤至用手按壓，蛋糕會彈回，而且用刀子插入每塊蛋糕的中心，刀子不會沾附麵糊為止。較小的蛋糕所須的烘烤時間比較大的蛋糕短，因此在烘烤結束前請經常確認烘烤狀況。讓蛋糕在模中放涼幾分鐘，然後在網架上脫模，放至完全冷卻。

製作糖霜。將奶油起司、糖粉和奶油一起攪打至形成滑順濃稠的糖衣，若糖霜過稠，請加入少許牛乳。

將一塊較大的蛋糕擺在盤子上，鋪上一層奶油霜。再蓋上另一塊大蛋糕，重複同樣的步驟，形成一個三層的大蛋糕。在堆疊後的蛋糕中央鋪上一點糖霜，然後擺上一塊較小的蛋糕，並在頂端鋪上一點糖霜，然後擺上最後一塊蛋糕。用圓刃刀為蛋糕鋪上一層薄薄的糖霜，讓人可透過糖霜看到裡面的蛋糕。

接著用玫瑰裝飾。若你使用整朵花進行裝飾，那這些花就不能食用（莖和花的內部非常苦），因此只做為裝飾，並應在切蛋糕時移除。千萬不要食用裝飾用花，除非你確定這麼做安全無虞。

蛋糕在密封容器中最多可保存 2 日，建議在製作當天食用完畢。

藍莓檸檬糖霜蛋糕

Blueberry and lemon drizzle cakes

味道強烈的藍莓和爽口的檸檬在小蛋糕上可說是完美的組合。以打發鮮奶油和檸檬凝乳製成的內餡，再擺上一些多汁的藍莓，非常適合在茶會上享用。

檸檬 2 顆，刨碎果皮
4 顆蛋的蛋糕糊配方 1 份（見 P.9）
高脂鮮奶油 200 毫升（¾ 杯），
打發
檸檬凝乳 [6] 4 大匙
藍莓 200 克（1.5 杯）

糖衣

翻糖／過篩糖粉 170 克（1¼
杯）
2 顆檸檬，現榨成果汁

6.5 公分（2.5 吋）的圓形蛋糕
模 8 個，塗油並鋪上烤盤紙
裝有大的圓形擠花嘴的擠花袋
1 個（隨意）
裝有星形擠花嘴的擠花袋 1 個

8 個

將烤箱預熱至 180℃（350 ℉）瓦斯烤箱刻度 4。

將檸檬皮拌入蛋糕糊，並將混料均分至圓形蛋糕模。可用湯匙舀取，或將麵糊填入擠花袋中，方可俐落地擠出。

在預熱好的烤箱裡烘烤 20 — 30 分鐘，烤至蛋糕呈現金棕色，而且用手按壓，蛋糕會彈回為止。讓蛋糕在模中放涼幾分鐘，然後用利刀劃過每個圓形蛋糕模內部的邊緣，脫模。將蛋糕擺在網架上，放至完全冷卻。

將每塊蛋糕切半，然後用擠花袋在每塊底層蛋糕上擠出螺旋形的打發鮮奶油。放上少許檸檬凝乳和一些藍莓，接著擺上另一半的蛋糕。

製作糖衣。將翻糖／糖粉和檸檬汁一起攪打（逐步加入，因為你可能不會用到全部的檸檬汁），直到形成滑順濃稠的糖衣。從蛋糕頂端淋下糖衣，也在側面滴幾滴，並讓糖衣凝固幾分鐘。用一些藍莓裝飾，然後靜置，讓糖衣凝固。

冷藏儲存至準備好要端上桌的時刻。由於蛋糕含有鮮奶油，建議在製作當天食用完畢，如有必要，冷藏最多可保存 2 日。

---

6 檸檬凝乳（lemon curd）：又稱檸檬奶黃醬或檸檬蛋黃醬，在台灣較難買到，可自行製作。作法是將全蛋攪拌勻勻後加入奶油、
   糖、檸檬汁和檸檬皮，然後以隔水加熱（或小火直接加熱）的方式煮沸，在即將沸騰時輕輕攪拌 20 分鐘左右，待降溫後再置
   於冰箱冷藏即可。

Chic Simplicity

時髦極簡

檸檬覆盆子卷 *Lemon and raspberry roulade*

蛋糕卷是既美觀又鬆軟的蛋糕，非常適合做為宴會上的甜點。只要撒上一點糖粉，並放上一些沾有巧克力的覆盆子，這清爽的水果蛋糕看起來簡單又不失優雅，而且嚐起來美味可口。

牛乳 150 毫升（⅔ 杯）

自發麵粉 40 克（滿滿 ¼ 杯），
過篩

蛋 5 顆，分開

細砂糖 150 克（¾ 杯）

檸檬 2 顆，刨碎果皮

糖粉（撒在表面）

餡料

高脂鮮奶油 400 毫升（1¾ 杯）

現成卡士達醬 4 大匙

覆盆子 400 克／14 盎司（約
3.5 杯）

裝飾用

融化的白巧克力 50 克（2 盎
司）

38×28 公分（15×11 吋）的
瑞士卷模，塗油並鋪上烤盤紙
烤盤 1 個，鋪上矽膠墊或烤盤
紙

6 — 8 人份

將烤箱預熱至 200℃（400 °F）瓦斯烤箱刻度 6。

在醬汁鍋中以低溫加熱牛乳和麵粉，並攪打成滑順的糊狀。

在攪拌碗中攪打蛋黃和糖，打至形成濃稠且充滿空氣的膏狀。加入麵糊和檸檬皮攪打。

在另一個攪拌碗中將蛋白打發至形成直立尖角。一次以三分之一的量，將蛋白拌入麵糊中。將混料倒入蛋糕模中，將麵糊均勻地攤平。輕輕地處理麵糊，以免麵糊裡的空氣散逸。在預熱好的烤箱裡烘烤 8 — 12 分鐘，烤至用手按壓，海綿蛋糕體會彈回，而且蛋糕呈現金棕色為止。

將一張大於蛋糕模的不沾黏烤盤紙擺在平坦的桌面上，並撒上糖粉。將蛋糕卷從烤箱中取出，然後用撒上糖粉的烤盤紙將海綿蛋糕體向上捲起，讓烤盤紙在蛋糕卷內，放涼。

在準備要將蛋糕端上桌前，將鮮奶油打發至形成直立尖角。將蛋糕卷攤開。用刮刀為海綿蛋糕鋪上一層打發鮮奶油和一層卡士達奶油醬。將大多數的覆盆子均勻地撒在上面，保留約 10 顆做最後的裝飾。將蛋糕卷向上捲起，擺在蛋糕盤上，然後再撒上一些糖粉。

將融化的白巧克力放在小碗中，將預留的覆盆子一半浸在巧克力中。在蛋糕卷上方滴幾滴融化的白巧克力，以方便沾黏覆盆子，然後將覆盆子排在蛋糕卷上方。即可享用。

小柑橘蛋糕 *Clementine cakes*

我喜愛克萊門氏小柑橘細緻的果香。用一點小柑橘糖衣和漂亮的玫瑰花瓣進行裝飾，這些迷你蛋糕是下午茶的完美搭配。

2 顆蛋的蛋糕糊配方 1 份（見 P.9）
克萊門氏小柑橘[7] 汁 1 大匙
克萊門氏小柑橘 2 顆（刨碎的柑橘皮做裝飾）

糖衣

翻糖／過篩糖粉 170 克（1¼ 杯）
克萊門氏小柑橘汁 40 毫升（3 大匙）

花瓣

可食用且不含殺蟲劑的橙色玫瑰花瓣 20 — 30 片
蛋白 1 個
細砂糖（撒在表面）

水彩筆 1 枝
烤盤 1 個，鋪上矽膠墊或烤盤紙
8 公分（3 吋）的圓形蛋糕模 10 個，塗油並鋪上烤盤紙
裝有大的圓形擠花嘴的擠花袋 1 個（隨意）

10 個

先製作糖霜玫瑰花瓣，因為這些花瓣須風乾一整夜。將蛋白打至起很多泡沫。用水彩筆將蛋白塗在花瓣的前後兩面，然後撒上糖。請從花朵的上方撒下糖粉，並在下方擺一個盤子盛接多餘的糖。所有的花瓣都以同樣方式進行，一次撒一片，然後擺在烤盤上。置於溫暖處風乾一整夜。乾燥後，將花瓣儲存在密封容器中備用。

將烤箱預熱至 180°C（350°F）瓦斯烤箱刻度 4。

將克萊門氏小柑橘汁和小柑橘皮拌入蛋糕糊，並將混料均分至蛋糕模。你可以用湯匙舀麵糊，或是將麵糊填入擠花袋，方便擠出。在預熱好的烤箱裡烘烤 20 — 30 分鐘，烤至蛋糕呈現金棕色，用手按壓，蛋糕會彈回，而且用刀子插入每塊蛋糕的中心，刀子不會沾附麵糊為止。讓蛋糕在模中放涼幾分鐘，然後用利刀劃過每個圓形蛋糕模內部邊緣，將蛋糕脫模。將蛋糕擺在網架上，放至完全冷卻。

製作糖衣。將翻糖／糖粉和克萊門氏小柑橘汁一起攪打至剛好可以流動，並舀一些淋在每塊蛋糕頂端。用糖霜玫瑰花瓣和一些刨碎的小柑橘皮進行裝飾，靜置至糖衣凝固。

最好在製作當天食用完畢，放在密封容器中最多可保存 2 日。

---

7 克萊門氏小柑橘（clementine），又稱阿爾及利亞蜜柑（Algerian tangerine），是原產於地中海的雜交柑橘品種，特色是香甜多汁，無籽且易剝皮，在台灣又有珍珠柑之稱。

檸檬蛋白霜蛋糕 *Lemon meringue cake*

這道蛋糕的靈感來自於一道人氣甜點 —— 檸檬蛋白霜派。漸層的黃檸檬糖霜蛋糕片，帶有奶油霜和檸檬凝乳的內餡，再放上一朵朵的義式蛋白霜頂飾。

檸檬 3 顆，刨碎果皮
6 顆蛋的蛋糕糊配方 1 份（見 P.9）
黃色食用色素凝膠

水晶糖霜（DRIZZLE）

3 顆檸檬，現榨成果汁
糖粉 3 大匙
檸檬凝乳 2 大匙

餡料

過篩糖粉 350 克（2.5 杯）
軟化奶油 2 大匙
牛乳 1 — 2 大匙（如有需要）

蛋白霜頂飾

細砂糖 100 克（½ 杯）
金黃糖漿（golden syrup）
／淺色玉米糖漿（light corn syrup）[8] 1 大匙
蛋白 2 個

20 公分（8 吋）的圓形蛋糕模
3 個，塗油並鋪上烤盤紙
裝有大的星形擠花嘴的擠花袋
1 個（隨意）
廚用瓦斯噴槍 1 個

12 人份

將檸檬皮拌入蛋糕糊中。將三分之一的混料舀至蛋糕模中。在剩餘的蛋糕糊中加入幾滴黃色食用色素，攪打均勻。將一半的黃色麵糊舀入第 2 個蛋糕模。在剩餘的麵糊中再加入幾滴食用色素，形成更深的黃色，然後舀入最後一個蛋糕模。在預熱好的烤箱裡烘烤 25 — 30 分鐘，烤至用手按壓，蛋糕會彈回，而且用刀子插入每塊蛋糕的中心，刀子不會沾附麵糊為止。

製作水晶糖霜。在醬汁鍋中將檸檬汁和糖粉加熱煮沸。將三分之一的水晶糖霜趁熱淋在每塊蛋糕上，然後在模型中放涼。

製作奶油餡。將糖粉和奶油一起攪打至形成滑順濃稠的糖衣，若混料過於濃稠，可加入少許牛乳。

若想露出海綿蛋糕的顏色，請用利刀為每塊蛋糕修邊。將顏色最深的黃蛋糕擺在最下面，鋪上一半的奶油霜。加入一大匙的檸檬凝乳，在奶油霜上方抹開。疊上中間層的黃蛋糕，同樣抹上奶油霜和檸檬凝乳。再疊上最後一塊蛋糕。

製作義式蛋白霜。在醬汁鍋中加熱糖、糖漿和 3 大匙的水，直到糖溶解，然後煮沸。在一個大碗中，用手動打蛋器或電動攪拌機將蛋白打發至形成直立尖角。將熱糖漿分次緩慢地倒入蛋白中，攪打至蛋白霜稍微冷卻。最好使用桌上型攪拌機來完成攪打。將蛋白霜舀入擠花袋中，並在蛋糕頂端擠出一朵朵尖尖的蛋白霜。用廚用瓦斯噴槍將蛋白霜稍微烤焦。

即可享用。這道蛋糕因蛋白霜頂飾的關係，最好在製作當天即食用完畢。

8　金黃糖漿和玉米糖漿可至烘焙材料行或網路上購買，亦可以蜂蜜代替。

焦糖多層蛋糕 *Caramel layer cake*

這道蛋糕會令太妃糖的愛好者欣喜不已，因為所含的海綿蛋糕以帶有糖蜜味道的黑糖調味，每層蛋糕均淋上焦糖，中間再鋪上大量的凝脂奶油。這道蛋糕以三色堇裝飾，但如果你沒有三色堇，可改用焦糖或巧克力。

黑砂糖 340 克（1¾ 杯）
奶油 340 克（3 條）
蛋 6 顆
過篩的自發麵粉 340 克（2.5 杯）
酸奶油 2 大匙
可食用花，如三色堇或菊花花瓣（裝飾用）

焦糖鏡面

奶油 50 克（3.5 大匙）
細砂糖 100 克（½ 杯）
高脂鮮奶油 125 毫升（½ 杯）
翻糖／過篩糖粉 80 克（滿滿 ½ 杯）

餡料

凝脂奶油[9] 225 克（8 盎司，或高脂鮮奶油 300 毫升〔1¼ 杯〕，打發）

20 公分（8 吋）的圓形蛋糕模 3 個，塗油並鋪上烤盤紙

12 人份

將烤箱預熱至 180℃（350 ℉）瓦斯烤箱刻度 4。

製作蛋糕。將糖和奶油攪打至鬆發泛白。一次打一顆蛋。拌入麵粉和酸奶油，將混料均分至蛋糕模。在預熱好的烤箱裡烘烤 25 — 30 分鐘，烤至蛋糕呈現金棕色，用手按壓，蛋糕會彈回，而且用刀子插入每塊蛋糕的中心，刀子不會沾附麵糊為止。用刀劃過每塊蛋糕邊緣，讓蛋糕在模中放涼幾分鐘，然後在網架上脫模，放至完全冷卻。

製作焦糖鏡面。在醬汁鍋中加熱奶油和細砂糖，直到奶油和糖融化，而且混料開始變為焦糖。加入鮮奶油，微滾至形成金黃色的焦糖。在倒入鮮奶油時請小心，因為混料可能會噴出。在加入鮮奶油時，若糖結塊也無須擔心，因為糖會融化，或是可用濾網／細孔濾器來過濾混料。將糖粉過篩至焦糖中，打至滑順，然後放至稍微冷卻。

將冷卻的焦糖淋在網架上的每塊蛋糕上，下方墊一張鋁箔紙盛接滴落的焦糖。將一半的凝脂奶油鋪在兩塊蛋糕上方，然後在盤子上堆疊蛋糕，再將已淋上焦糖的蛋糕擺在頂端。用可食用花裝飾。若使用整朵花進行裝飾，那這些花就不能食用（莖和花的內部非常苦），因此只做為裝飾，並應在切蛋糕時移除。千萬不要食用裝飾用花，除非你確定這麼做安全無虞。

直接端上桌或冷藏儲存至準備要享用的時刻。由於蛋糕含有鮮奶油，冷藏最多可保存 2 日，建議在製作當天食用完畢。

9　凝脂奶油（clotted cream），因源自於英國西南部的德文郡，又稱為德文郡奶油。是一種濃縮的鮮奶油，在台灣較少見，可從網路上購入。

花式裸感蛋糕 *Naked fancies*

儘管傳統的花式翻糖蛋糕會覆蓋一層有光澤的糖衣，但這裡的花式蛋糕確實是「裸」的，用幾乎無法察覺的半透明糖衣覆蓋，讓你可以看見蛋糕和下面一層層的奶油霜。用糖漬花進行裝飾，這些蛋糕非常適合在下午茶時間享用。若你沒有紫羅蘭香甜酒，可自行選擇其他的香甜酒──君度橙酒或柑曼怡都是不錯的搭配。

2 顆蛋的蛋糕糊配方 1 份（見 P.9）
紫羅蘭香甜酒（violet liqueur）40 毫升（3 大匙），淋在表面
糖漬花或花瓣，如紫羅蘭，裝飾用
可食用亮粉（隨意）

奶油霜

糖粉 300 克（滿滿 2 杯）
軟化奶油 30 克（2 大匙）
牛乳 1 — 2 大匙（如有須要）

翻糖鏡面

翻糖／過篩糖粉 280 克（2 杯）
紫羅蘭香甜酒 50 毫升（3.5 大匙）

20 公分（8 吋）的方形蛋糕模 1 個，墊油並鋪上烤盤紙

16 個

將烤箱預熱至 180°C（350°F）瓦斯烤箱刻度 4。

將蛋糕糊舀至蛋糕模，在預熱好的烤箱裡烘烤 20 — 25 分鐘，烤至蛋糕呈現金棕色，用手按壓，蛋糕會彈回，而且用刀子插入每塊蛋糕的中心，刀子不會沾附麵糊為止。讓蛋糕在模中放涼幾分鐘，然後在網架上脫模，放至完全冷卻。

製作奶油霜。將糖粉和奶油攪打至鬆發泛白，若混料過於濃稠，可加入少許牛乳。

用大型鋸齒刀將蛋糕橫切成兩半。將置於底層的切半蛋糕擺在砧板或剛好可放入冰箱的小盤子上。將紫羅蘭香甜酒淋在蛋糕上，並鋪上一層薄薄的奶油霜。擺上第 2 塊切半蛋糕，並在表面鋪上一層薄薄的奶油霜。放入冰箱冰鎮兩小時，直到奶油霜凝固。為蛋糕修邊，然後將蛋糕切成 16 塊相等的方形。

製作翻糖鏡面。在醬汁鍋中加熱翻糖／糖粉，以及紫羅蘭香甜酒和約 100 毫升（滿滿 ⅓ 杯）的水。你須要薄薄的糖衣，因此請逐步加水，直到糖衣可以流動而且形成幾乎是半透明的質地。

將溫熱的糖衣舀至蛋糕上，務必要將每塊蛋糕完全覆蓋，或是用蛋糕沾附糖衣，請小心糖衣不要太燙。將覆蓋糖衣的蛋糕擺到網架上，下方墊一張鋁箔紙來盛接滴落的糖衣。

用糖漬花朵或花瓣在蛋糕頂端進行裝飾，若你喜歡的話，可撒上可食用亮粉製造閃亮的效果。

蛋糕在密封容器中最多可保存 2 日。

薄荷巧克力卷佐糖霜薄荷葉

Chocolate peppermint roulade with frosted mint leaves

這道優雅的蛋糕卷只撒上可可粉，並用一些簡單的糖霜薄荷葉裝飾。是一道別緻且令人印象深刻的甜點。

牛乳 150 毫升（⅔ 杯）
過篩的自發麵粉 40 克（滿滿 ¼ 杯）
蛋 5 顆（分開）
細砂糖 100 克（½ 杯）
融化的薄荷味純／苦甜巧克力 100 克（3.5 盎司）
高脂鮮奶油 350 毫升（1½ 杯）
糖粉和無糖可可粉，撒在表面

糖霜薄荷葉

新鮮薄荷葉
蛋白 1 個
細砂糖，撒在表面

水彩筆 1 枝
烤盤 1 個，鋪上矽膠墊或烤盤紙
38×28 公分（15×11 吋）的瑞士卷模 1 個，塗油並鋪上烤盤紙

6 — 8 人份

先製作糖霜薄荷葉。將蛋白打至起很多泡沫。用水彩筆將蛋白塗在花瓣的兩面，然後撒上糖，讓每片葉子裹上薄薄一層糖衣。擺在烤盤上，放在一旁備用。你也能將這些葉子置於溫暖處風乾一整夜，然後儲存在密封容器中備用。

將烤箱預熱至 200℃（400 °F）瓦斯烤箱刻度 6。

製作蛋糕卷。在醬汁鍋中以低溫加熱牛乳和麵粉，然後攪打成滑順的糊狀。另外，在大型攪拌碗中攪打蛋黃和糖至形成濃稠且充滿空氣的糊狀。將麵糊加入糖和蛋中一起攪拌，然後再加進融化的巧克力中攪拌。

在另一個碗中將蛋白打發至形成直立尖角。一次加入三分之一，將蛋白拌入蛋糕卷的麵糊裡。將混料倒入瑞士卷模具，均勻地鋪平。烘烤 8 — 12 分鐘，烤至用手按壓，海綿蛋糕體會彈回。

將一張大於蛋糕模大小的不沾黏烤盤紙擺在平坦的表面上，撒上糖粉和可可粉。將蛋糕卷從烤箱中取出，倒在撒上糖粉的烤盤紙上。將不沾黏的烤盤紙抽離，然後再用撒上糖粉的烤盤紙將海綿蛋糕體向上捲起，讓烤盤紙在蛋糕卷內。放至完全冷卻。

在準備要將蛋糕端上桌前，將鮮奶油打發至形成直立尖角。將蛋糕卷攤開。用刮刀在海綿蛋糕上鋪一層鮮奶油，然後將蛋糕卷向上捲起。擺在蛋糕盤上，再撒上一些可可粉。用糖霜薄荷葉裝飾並即可享用。

直接端上桌或冷藏儲存至準備要享用的時刻。由於蛋糕含有鮮奶油，冷藏最多可保存 2 日，建議在製作當天食用完畢。

椰香覆盆子天使蛋糕

Coconut angel cake with raspberries

天使蛋糕是一種無脂肪的海綿蛋糕,不使用蛋黃製作,因此在切開時內部完全為白色。傳統作法是使用直邊且中空的天使蛋糕模進行烘烤,你也可使用邦特蛋糕模來烤蛋糕。這個版本是在蛋糕頂端擺上椰子糖衣和新鮮覆盆子,海綿蛋糕裡則含有甜椰子。

中筋麵粉 140 克(滿滿 1 杯)
糖粉 100 克(¾ 杯)
蛋白 8 個
細砂糖 100 克(½ 杯)
鹽 1 撮
塔塔粉 [10] 1 小匙
甜味長椰絲╱無糖乾燥椰子
80 克(滿滿 1 杯)

糖衣

椰漿 30 毫升(⅛ 杯)
糖粉 150 克(1 杯)

裝飾用

長椰絲或新鮮椰子薄片 30 克
(½ 杯)
覆盆子 300 克(10.5 盎司,約
3¼ 杯)
糖粉,撒在表面

25 公分(10 吋)天使蛋糕模
1 個,塗油

8 人份

將烤箱預熱至 180℃(350 ℉)瓦斯烤箱刻度 4。

　將麵粉和糖粉一起過篩,然後擺在一旁備用。在潔淨的攪拌碗中將蛋白打發至形成直立尖角。加入細砂糖中一起攪打,一次加一匙,然後加入鹽和塔塔粉。小心地拌入麵粉和糖粉的混料以及椰子,用刮刀輕輕拌勻,盡可能在麵糊中保留多一點的空氣。將混料舀進蛋糕模,烘烤 30 — 35 分鐘,烤至蛋糕呈現金棕色,用手按壓很結實,而且用刀子插入每塊蛋糕的中心,刀子不會沾附麵糊為止。在脫模前用刀小心地劃過蛋糕邊緣,以確保蛋糕不沾黏,然後在網架上脫模,放至完全冷卻。

　在乾燥的煎鍋中,以低溫將裝飾用椰子烤至呈現淡金棕色。椰子很容易燒焦,因此請密切注意,一旦變色就立刻倒至潔淨的盤子上,以免在熱鍋中過度烹煮。

　製作糖衣。將椰漿和糖粉一起攪打至形成滑順濃稠的糖衣。鋪在蛋糕頂端。放上覆盆子和烤椰子,並撒上糖粉。

　蛋糕最好在製作當天食用完畢。

10　塔塔粉(cream of tartar),一種酸性鹽,用來中和蛋白的鹼性,以利蛋白的打發,可於烘焙材料行購買,或是用檸檬汁或白醋取代,但記得要減少蛋白的用量,以免水分過多。

巴騰堡裸感蛋糕 *Naked Battenberg*

我一直很喜愛巴騰堡蛋糕以黃色和粉紅色海綿蛋糕所形成的漂亮方格。傳統上會以杏仁膏裹住蛋糕，然而不是每個人都喜愛杏仁膏。「裸感版」的巴騰堡蛋糕是鋪上杏仁奶油霜和烤杏仁來取代杏仁膏，當我端出這道蛋糕時，事實證明它非常受歡迎。巴騰堡蛋糕模分為 4 個大小相等的方形，讓你在切片時可以獲得大小完全相等的方形，而且如果你經常製作巴騰堡蛋糕的話，這是值得投資的模具。若你沒有巴騰堡蛋糕模，只要使用兩個吐司烤模（loaf pan）來烘烤 2 種不同顏色的蛋糕糊，然後再將每塊蛋糕切成 2 個方形即可。很重要的是，模型的大小必須相同，最後才能形成 4 個大小相等的方形蛋糕。

香草醬或純香草精 1 小匙
2 顆蛋的蛋糕糊配方 1 份（見 P.9）
粉紅食用色素
烤杏仁片 100 克（1¼ 杯），
切碎

奶油霜

過篩糖粉 115 克（滿滿 ¾ 杯）
軟化奶油 1 大匙
杏仁醬 1 大匙
牛乳少許（如有須要）

20×15 公分（8×6 吋）的巴騰堡蛋糕模 1 個（或 20×8 公分〔8×3 吋〕的吐司烤模 2 個，塗油並鋪上烤盤紙）

8 人份

將烤箱預熱至 180℃（350 ℉）瓦斯烤箱刻度 4。

將香草拌入蛋糕糊，並將混料均分至 2 個碗。在一個碗中加入幾滴粉紅食用色素，拌勻。將蛋糕糊倒入準備好的蛋糕模隔間中，如此便可烤成 2 個無色和 2 個粉紅色的方形蛋糕（若使用的是吐司烤模，請在一個烤模中烘烤粉紅蛋糕糊，另一個烘烤無色蛋糕糊）。烘烤 20 — 25 分鐘，烤至用手按壓，蛋糕會彈回，而且用刀子插入每塊蛋糕的中心，刀子不會沾附麵糊為止。讓蛋糕在模型裡完全冷卻，然後小心地脫模。如有須要可修整蛋糕（例如其中一塊蛋糕比其他蛋糕膨），以形成 4 塊大小相等的方形蛋糕。

製作奶油霜。將糖粉、奶油和杏仁醬攪打至形成滑順濃稠的糖衣，若混料過於濃稠，可加入少許牛乳。

用刀將一些奶油霜抹在粉紅方形蛋糕的頂端，然後擺上一塊無色的方形蛋糕。剩下 2 塊方形蛋糕也以同樣方式進行，但這次請將無色蛋糕擺在底部。將其中一組蛋糕側邊抹上一些奶油霜，然後將 2 組蛋糕貼合在一起，讓蛋糕最後呈現出粉紅與無色的方形蛋糕在彼此的斜對角。在蛋糕邊緣小心地抹上薄薄一層奶油霜，因為蛋糕很脆弱，所以請特別留意。將杏仁片擺在盤中，把蛋糕輕輕滾上杏仁，用手將杏仁按壓在奶油霜上。將蛋糕用一層保鮮膜包起，置於冰箱中凝固 2 小時。將蛋糕的保鮮膜取下，擺在蛋糕盤上。

蛋糕最多可以密封容器保存 2 日。

裸感布朗尼疊疊樂 *Naked brownie stack*

這些令人墮落的布朗尼充滿濃郁的巧克力香,在蛋糕架上高高疊起,再以乾燥的莓果或花瓣
裝飾,看起來非常賞心悅目。

奶油 250 克(2¼ 條)
純/苦甜巧克力 350 克（12.5
盎司）,切碎
蛋 5 顆
細砂糖 200 克（1 杯）
黑砂糖 200 克（1 杯）
中筋麵粉 200 克（1.5 杯）,
過篩
白巧克力 200 克（7 盎司）,
切碎
玫瑰糖漿 1 大匙

裝飾用
無糖可可粉,撒在表面
冷凍乾燥覆盆子和草莓碎片或
可食用乾燥花瓣

38×28 公分（15×11 吋）的
烤模 1 個,塗油並鋪上烤盤紙

12 人份

將奶油和純/苦甜巧克力放入耐熱碗（heatproof bowl）,接著隔
水加熱,碗底絕對不可碰到微滾的熱水。偶而攪動,直到巧克力和奶
油融化,形成光滑的醬汁。若時間不夠,可用微波爐將奶油和巧克力
以最大功率微波 40 秒,攪拌,然後再加熱 20—30 秒左右,讓奶油
和巧克力都融化。讓混料靜置冷卻。

將烤箱預熱至 180℃（350 ℉）瓦斯烤箱刻度 4。

在大型攪拌碗中攪打蛋和兩種糖,直到混料變為濃稠的膏狀,而且
體積膨脹為兩倍。倒入融化的巧克力混料中並再度攪打。加入麵粉、
切碎的白巧克力和玫瑰糖漿,用刮刀輕輕拌勻。將混料舀至蛋糕模中,
在預熱好的烤箱中烘烤 30—35 分鐘,直到表面結皮,但下方仍略為
柔軟。在模型中放至完全冷卻,然後脫模並切成 24 塊方形蛋糕。

撒上可可粉,並用一些冷凍乾燥覆盆子和草莓碎片或可食用乾燥花
瓣為布朗尼進行裝飾。在蛋糕架或蛋糕盤上堆疊布朗尼。

布朗尼最多可以密封容器保存 5 日。

鹽味蜂蜜蛋糕 *Salty honey cake*

這道蛋糕的靈感來自紐約布魯克林區（也是我兄弟的住處）——「二十四隻黑鳥烘培坊」
（Four&Twenty Blackbirds Bakery）中我最愛的甜品之一。我熱愛鹽和蜂蜜的甜鹹組合。
以香草籽浸泡的香草鹽，更增添了這道蛋糕的美妙。若你想自行製作香草鹽，請在廣口瓶裡
裝滿海鹽片（sea salt flake）和數根香草莢的香草籽（以及豆莢本身），仔細搖動，讓香草
籽散開，然後靜置數週後再行使用。

可流動的蜂蜜 2 大匙
香草鹽 1 撮
（或海鹽加香草精 1 小匙）
5 顆蛋的蛋糕糊配方 1 份（見 P.9）

鹽味蜂蜜鏡面
可流動的蜂蜜 2 大匙
奶油 50 克／3.5 大匙
香草鹽 1 撮
（或海鹽加香草精 1 小匙）

26 公分（10.5 吋）的環形邦
特蛋糕模 1 個，塗油

10 人份

將烤箱預熱至 180℃（350 ℉）瓦斯烤箱刻度 4。

　　將蜂蜜和香草加入蛋糕糊中攪打，然後舀進邦特蛋糕模。在預熱好
的烤箱內烘烤 45 — 60 分鐘，烤至蛋糕呈現金棕色，用手按壓，蛋糕
會彈回，而且用刀子插入每塊蛋糕的中心，刀子不會沾附麵糊為止。
在模型中放至完全冷卻，然後輕輕地將蛋糕從模型中取出，可用刀劃
過中間環狀的周圍以利脫模。

　　製作鏡面。在醬汁鍋中以低溫加熱蜂蜜和奶油至奶油融化，然後加
入香草鹽並攪拌。將鏡面淋至蛋糕頂端，將其凝固後再端上桌。蛋糕
最多可以密封容器保存 2 日。

鄉村風起司蛋糕塔 *Rustic cheesecake tower*

這道起司蛋糕樸素而簡單，卻以夏季莓果和野莓及其花朵堆砌出華麗感，所以也是很好的婚禮蛋糕選擇。可依個人喜好為起司蛋糕的奶油霜調味，例如加入柑橘類水果皮或巧克力豆，甚至是蘭姆酒浸葡萄。

基底材料

消化餅／全麥餅乾 400 克（14盎司）

融化的奶油 200 克（1¾條）

餡料

法式酸奶油[11]／酸奶油 750 毫升（3 杯）

蛋 5 顆

細砂糖 200 克（1 杯）

奶油起司 800 克（1¾磅）

過篩的中筋麵粉 3 大匙

香草莢 1 根

裝飾用

新鮮莓果和符合食品安全、不含殺蟲劑的草莓葉和花

糖粉

18 公分（7 吋）和 26 公分（10.5 吋）的圓形彈簧扣蛋糕模各 1 個，塗油並鋪上烤盤紙

15人份

將烤箱預熱至 170℃（325 ℉）瓦斯烤箱刻度 3。

用食物處理機將餅乾打成細碎，或是放入潔淨的塑膠袋，用擀麵棍壓碎。倒入攪拌碗，和融化的奶油一起攪拌，然後放入蛋糕模底部，用匙背壓實。用保鮮膜將底部和側邊包起數層，放入裝滿水的大型烤盤中，讓模型一半的側邊露出。

製作餡料。將法式酸奶油／酸奶油、蛋、糖、奶油起司和麵粉一起攪打。用利刀將香草莢剖開成兩半，將兩片豆莢的籽刮下，加入起司蛋糕的混料中，並攪打至香草籽均勻散佈。

將混料倒入模型，將約三分之二的混料倒入大模型，三分之一的混料倒入較小的模型。烘烤 1 — 1.25 小時，烤至蛋糕表面呈現金棕色，但中間還是會稍微晃動。在模型中放涼，然後擺在冰箱裡冷卻至少 3 小時，但最好是靜置一整晚。

享用時，將起司蛋糕脫模，然後將大的起司蛋糕擺在盤子上。再將小塊的擺在大蛋糕的上方中央。用新鮮莓果和符合食品安全、不含殺蟲劑的花裝飾，撒上一些糖粉後端上桌。

蛋糕最多可以冷藏保存 3 日。

11 法式酸奶油（crème fraîche），類似酸奶油，但口感更滑潤濃稠，顏色略黃，吃起來像是帶有奶香味的酸奶油，在台灣較少見。

Vintage Elegance
復古優雅

彩旗蛋糕 *Bunting cake*

我不會羞於承認我熱愛彩旗。在我的小屋中，大多數房間和花園都掛上了彩旗，因此這是我最愛的蛋糕之一！你可預先以裝飾用小彩紙來製作彩旗，若想讓蛋糕看起來格外特別，甚至可使用布料。你也可以將這道蛋糕製成更大型的多層婚禮蛋糕。

香草豆粉 ½ 小匙或純香草精 1
小匙
6 顆蛋的蛋糕糊配方 1 份（見 P.9）
凝脂奶油 225 克（8 盎司，
或高脂鮮奶油 300 毫升〔1¼
杯〕，打發至形成直立尖角）
草莓果醬 4 大匙
糖粉，撒在表面
符合食品安全、不含殺蟲劑的
花，如康乃馨（carnations），
裝飾用

20 公分（8 吋）的圓形蛋糕模
3 個，塗油並鋪上烤盤紙
竹籤 2 根
針線 1 組
裝飾用布或紙
膠帶

12 人份

將烤箱預熱至 180°C（350 °F）瓦斯烤箱刻度 4。

　　將香草精拌入蛋糕糊，並將混料均分至蛋糕模。在預熱好的烤箱內烘烤 25 — 30 分鐘，烤至蛋糕呈現金棕色，用手按壓，蛋糕會彈回，而且用刀子插入每塊蛋糕的中心，刀子不會沾附麵糊為止。讓蛋糕在模中放涼幾分鐘，然後在網架上脫模，放至完全冷卻。

　　製作彩旗。將彩色布料或紙張裁成小三角形，用針將它們穿至線上，讓它們像彩旗一樣懸掛起來。打個結，將線固定在竹籤頂端。

　　在準備要將蛋糕端上桌前，請將一塊蛋糕擺在餐盤或蛋糕架上。先為蛋糕鋪上其中一半的凝脂奶油，再抹上兩大匙的果醬。疊上第 2 塊蛋糕後，鋪上剩餘的凝脂奶油和果醬。最後疊上第 3 塊蛋糕，再撒上糖粉。將竹籤插在蛋糕頂端，將竹籤向下壓至穩固，讓彩旗漂亮地懸掛在蛋糕上方。將鮮花擺在蛋糕中央。花朵只做為裝飾，應在切蛋糕時移除。千萬不要食用裝飾用花，除非你確定這麼做安全無虞。

　　直接端上桌或是冷藏儲存至準備好要享用的時刻。由於蛋糕含有鮮奶油，冷藏最多可保存 2 日，建議在製作當天食用完畢。

伯爵茶蛋糕 *Earl Grey tea cake*

散發著可口的佛手柑香氣，很少有比一杯熱騰騰的伯爵茶更能提振精神的飲品。這道蛋糕中的水果經過伯爵茶的浸泡，很適合在下午時刻搭配一杯喜愛的茶來享用。你也可以在蛋糕糊中加入乾燥的藍色矢車菊花瓣。

伯爵茶茶包 1 包
蜂蜜 1 大匙
蘇丹娜（sultanas）／黃金葡萄乾（golden raisin）300 克（滿滿 2 杯）
細砂糖 80 克（滿滿 ⅓ 杯）
蛋 2 顆
檸檬 1 顆，刨成果皮
自發麵粉 280 克（滿滿 2 杯），過篩
乾燥的藍色矢車菊花瓣 1 大匙（隨意）
糖粉，撒在表面

23 公分（9 吋）的方形蛋糕模 1 個，塗油並鋪上烤盤紙

8 人份

先浸泡水果。用 250 毫升（1 杯）的滾水沖泡碗中的茶包，並浸泡 2 — 3 分鐘。取出茶包，加入蜂蜜和蘇丹娜葡萄乾。浸泡 2 — 3 小時，直到果乾膨脹。將果乾瀝乾，保留茶液，稍後將其加入蛋糕糊中。

將烤箱預熱至 180°C（350°F）瓦斯烤箱刻度 4。

將糖和蛋一起攪打至形成濃稠的乳霜狀。拌入瀝乾的葡萄乾、檸檬皮、麵粉和花瓣（如果使用的話）。倒入事先預留的茶液，不停地攪拌。將混料舀至蛋糕模，烘烤 45 — 60 分鐘，烤至蛋糕呈現金棕色，而且用刀子插入蛋糕的中心，刀子不會沾附麵糊為止。讓蛋糕在模中放涼幾分鐘，然後在網架上脫模，放至完全冷卻。當然你也可在蛋糕仍溫熱時端上桌。

端上桌時，只要撒上糖粉即可。若想做出漂亮的圖案，請先將裝飾墊（doily）擺在蛋糕上方，再撒上糖粉。

蛋糕在密封容器中最多可保存 3 日。

花園鼓形蛋糕 *Flower garden timbale cakes*

這些小蛋糕的製作非常簡單，只須用香草調味，再撒上糖即可。當它們疊在蛋糕架上，擺上可食用花時，看起來十分優雅，而且還可以做為完美的婚禮蛋糕。你可依自己須要的蛋糕數量自行增減食譜分量，也可以在蛋糕糊中加入一點柑橘類果皮或玫瑰花水來取代香草。若你沒有 24 個杯型布丁模（dariole mould），也可分批烘烤蛋糕糊，並在烘烤每批蛋糕之間清洗模型，並為模型重新上油。

香草豆粉 1 小匙或純香草精 2
小匙
6 顆蛋的蛋糕糊配方 1 份(見 P.9)
糖粉，撒在表面
可食用花或糖霜花瓣，裝飾用

杯型布丁模 24 個，塗油並鋪
上烤盤紙
裝有大型圓口擠花嘴的擠花袋
1 個（隨意）

24 個

將烤箱預熱至 180℃（350 °F）瓦斯烤箱刻度 4。

　將香草拌入蛋糕糊。將混料舀進擠花袋，再將麵糊擠在蛋糕模中。儘管我認為用擠花袋較簡單且方便，但你也可用小湯匙進行。讓蛋糕在預熱好的烤箱內烘烤 20 — 30 分鐘，烤至蛋糕呈現金棕色，用手按壓，蛋糕會彈回。讓蛋糕在模中放涼幾分鐘，然後用刀劃過蛋糕邊緣，在網架上脫模，放至完全冷卻。

　在每塊蛋糕的頂端和側邊撒上大量的糖粉，並在頂端擺上可食用的鮮花。最好在食用之前將所有的花移除，因為莖可能帶有苦味，因此它們只做為裝飾。亦可改為可食用的糖霜花瓣。千萬不要食用裝飾用花，除非你確定這麼做安全無虞。

　蛋糕在密封容器中最多可保存 2 日。

馬卡龍蛋糕 *Macaron cake*

這道以新鮮莓果做為內餡，並在頂端放上甜美馬卡龍的漂亮蛋糕，即使擺在高級法式甜點專賣店的櫥窗裡也不會顯得格格不入。

6顆蛋的蛋糕糊配方1份（見P.9）
粉紅食用色膏

馬卡龍

杏仁粉130克（1⅓杯）
糖粉180克（將近1杯）
蛋白3個
細砂糖80克（⅓杯加1大匙）
粉紅食用色膏

餡料

凝脂奶油450克（1磅）
（或高脂鮮奶油600毫升〔2.5
杯〕，打發至形成直立尖角）
草莓300克（3杯），去蒂並
切片
草莓醬2大匙
覆盆子300克（滿滿2杯）
覆盆子醬2大匙
糖粉，撒在表面
符合食品安全的新鮮葉片，如
薄荷或月桂葉

裝有大型圓口擠花嘴的擠花袋
1個
烤盤2個，鋪上矽膠烤盤墊
20公分（8吋）的圓形蛋糕模
3個，塗油並鋪上烤盤紙

12人份

先製作馬卡龍。將杏仁粉和糖粉放入食物處理機中打成細粉。將堅果粉過篩至碗中，將無法通過篩子的顆粒放入果汁機，攪碎後再過篩一次。

在乾淨的攪拌碗中將蛋白打發至形成直立尖角，然後繼續攪打，加入細砂糖，一次加一匙，打至蛋白霜變得平滑有光澤。加入食用色膏，然後加入堅果粉，一次加三分之一，用塑膠刮刀拌勻。攪拌後，顏色會變得均勻。將蛋白霜打至適當的質地是非常重要的，必須攪拌至蛋白霜正好夠軟，而不會形成直立尖角。將一些混料滴在盤中，若形成光滑平面，表示已經攪拌完成；若形成直立尖角，則必須再多攪拌一段時間；若攪拌過度，蛋白霜會過稀，馬卡龍將無法維持形狀。

將混料舀進擠花袋，在烤盤上擠出3公分（1¼吋）的圓形蛋白霜，每個蛋白霜之間必須保有一定間距，因為烘烤時蛋白霜會向外擴張。讓馬卡龍在烤盤中靜置1小時，讓表面結皮。在這段時間，將烤箱預熱至160℃（325℉）瓦斯烤箱刻度3。

將馬卡龍烘烤20 — 30分鐘，直到蛋白霜變硬，然後在烤盤上放至完全冷卻。將烤箱溫度調高為180℃（350℉）瓦斯烤箱刻度4。

將三分之一的蛋糕糊舀進蛋糕模。將剩餘的蛋糕糊分裝至2個碗，其中一份染成淡粉紅色，另一份染成深粉紅色，接著移至兩個蛋糕模中。烘烤25 — 30分鐘，烤至用手按壓，蛋糕會彈回，而且用刀子插入每塊蛋糕的中心，刀子不會沾附麵糊為止。讓蛋糕在模中放涼幾分鐘，然後在網架上脫模，放至完全冷卻。

裁去蛋糕邊緣，露出染色的海綿蛋糕。將深粉紅色的蛋糕擺在餐盤上，鋪上厚厚一層凝脂奶油。擺上草莓，然後鋪上草莓醬。接著疊上淡粉紅色的蛋糕並鋪上更多奶油，也放上更多覆盆子和覆盆子醬。最後疊上無色的蛋糕，然後撒上糖粉。

用兩片馬卡龍餅和一些奶油做成夾心，組合成8 — 10個馬卡龍（將剩餘的馬卡龍餅保存在密封容器中，改天再食用）。用馬卡龍、覆盆子和葉片裝飾蛋糕。直接端上桌或是冷藏儲存至準備好要享用的時刻。由於蛋糕含有鮮奶油，冷藏最多可保存2日，建議在製作當天食用完畢。

糖霜花園蛋糕

Crystallized flower garden cake

這是我最愛的蛋糕之一，因為它的外型簡單，且不失優雅。對我而言，它有一種濃濃的復古風情，即使是在維多利亞時代的下午茶會中享用也相當適合。可使用任何你想要的花朵和葉子進行裝飾──三色堇、報春花（primrose）、馬鞭草的花和葉子，三色紫羅蘭（pansy）和薄荷葉都非常適合。

柳橙 1 顆，刨皮與現榨成果汁
5 顆蛋的蛋糕糊配方 1 份(見 P.9)
凝脂奶油 225 克（8 盎司；
或高脂鮮奶油 300 毫升〔1¼
杯〕，打發至形成直立尖角）
黑醋栗醬 2 大匙
糖粉，撒在表面
融化的白巧克力 40 克（1.5 盎司）

糖花

蛋白 1 個
不含殺蟲劑的可食用花，如三
色紫羅蘭、三色堇、檸檬馬鞭
草的花（或可食用葉片，如薄
荷葉和檸檬馬鞭草葉）
細砂糖，撒在表面

水彩筆 1 枝
烤盤，鋪上矽膠烤盤墊或烤盤
紙
20 公分（8 吋）的圓形蛋糕模
2 個，塗油並鋪上烤盤紙

8 人份

先製作糖霜糖花，因為它們須風乾一整夜。將蛋白打至起很多泡沫。用水彩筆小心地將蛋白塗在花瓣和葉片兩面，然後撒上糖，讓每片葉子或花裹上薄薄一層糖衣，最好是從花朵的上方撒下糖粉。在下方擺一個盤子盛接多餘的糖。所有的花瓣和葉片都以同樣方式進行，一次撒一片，然後擺在準備好的烤盤上，置於溫暖處風乾一整夜。乾燥後，將花瓣儲存在密封容器中備用。

將烤箱預熱至 180℃（350 ℉）瓦斯烤箱刻度 4。

將柳橙皮和柳橙汁拌入蛋糕糊，並將混料均分至蛋糕模。在預熱好的烤箱內烘烤 25 — 30 分鐘，烤至蛋糕呈現金棕色，用手按壓，蛋糕會彈回，而且用刀子插入每塊蛋糕的中心，刀子不會沾附麵糊為止。讓蛋糕在模中放涼幾分鐘，然後在網架上脫模，放至完全冷卻。

在準備要將蛋糕端上桌前，請先將一塊蛋糕擺在蛋糕架上。為蛋糕鋪上凝脂奶油和果醬。小心地用刀將果醬抹開。疊上第 2 塊蛋糕，並撒上厚厚一層糖粉。用糖霜花和葉片在蛋糕表面排出漂亮的花樣，並用融化的白巧克力固定。

直接端上桌或是冷藏儲存至準備好要享用的時刻。由於蛋糕含有鮮奶油，冷藏最多可保存 2 日，建議在製作當天食用完畢。

玫瑰紫羅蘭蛋糕 *Rose and violet cake*

我永遠記得和祖母一起吃著玫瑰紫羅蘭奶油巧克力（rose and violet cream chocolate）。這款巧克力是她的最愛，而隨著我的年歲漸長，也成了我的最愛。這道蛋糕由玫瑰海綿蛋糕和紫羅蘭甘那許頂飾（topping）所組成，並以最美麗的粉紅色和紫色糖漬花朵裝飾。它的味道非常濃郁，因此切成小片就可端上桌。

玫瑰花水 1 大匙
4 顆蛋的蛋糕糊配方 1 份（見 P.9）
裝飾用糖霜玫瑰與紫羅蘭花瓣

紫羅蘭甘那許

蛋 2 顆
高脂鮮奶油 375 毫升（1.5 杯）
牛乳 125 毫升（½ 杯）
純／苦甜巧克力 300 克（10.5 盎司，可可含量至少 70%）
紫羅蘭香甜酒 60 毫升（¼ 杯）

23 公分（9 吋）的活底深蛋糕模 1 個，塗油並鋪上烤盤紙

12 人份

將烤箱預熱至 180℃（350 ℉）瓦斯烤箱刻度 4。

將玫瑰花水拌入蛋糕糊，並將混料舀進蛋糕模。在預熱好的烤箱內烘烤 25 — 30 分鐘，烤至蛋糕呈現金棕色，用手按壓，蛋糕會彈回，而且用刀子插入每塊蛋糕的中心，刀子不會沾附麵糊為止。讓蛋糕在模中放涼。

製作紫羅蘭甘那許。將蛋、鮮奶油和牛乳一起攪打。將巧克力分成小塊，和鮮奶油混料及紫羅蘭香甜酒一起放入醬汁鍋。再以文火加熱，不停攪拌，煮約 4—5 分鐘，直到巧克力融化，而且變得濃稠光滑。淋在蛋糕上，放入冰箱冷卻一整夜，直到甘那許凝固。若蛋糕模的封口不夠緊，請用廚房鋁箔紙將底部和側邊包起，以確保甘那許不會從模型中漏出。

在準備要將蛋糕端上桌前，請用利刀劃過蛋糕邊緣，拆開模具的側邊。將蛋糕擺在餐盤上，撒上糖霜玫瑰與紫羅蘭花瓣做為裝飾。可用紫羅蘭花瓣搭配小糖霜玫瑰花瓣在中央排出漂亮的花樣。

蛋糕冷藏最多可保存 3 日，但這些花瓣只能在上桌前使用。

夏季花朵環形蛋糕

Summer flower ring cake

有時你只須要一個裝飾性蛋糕模，就能打造出吸睛的裸感蛋糕。撒上糖粉能讓模型的花樣更加美麗地呈現。

檸檬凝乳滿滿 1 大匙
檸檬 2 顆，刨碎果皮
5 顆蛋的蛋糕糊配方 1 份（見 P.9）
檸檬 2 顆，現榨成果汁
糖粉 2 大匙

裝飾用

糖粉，撒在表面
符合食品安全、不含殺蟲劑的
花，如菊花

25 公分（10 吋）的邦特蛋糕
模 1 個，塗油

10 人份

將烤箱預熱至 180℃（350 ℉）瓦斯烤箱刻度 4。

用塑膠刮刀將檸檬凝乳和果皮拌入蛋糕糊，並將混合麵糊舀進邦特蛋糕模。在預熱好的烤箱內烘烤 40 — 50 分鐘，烤至用手按壓，蛋糕會彈回，而且用刀子插入每塊蛋糕的中心，刀子不會沾附麵糊為止。讓蛋糕在模中放涼，接著用刀劃過中間的圓環，小心地將蛋糕從模型邊緣撬開。將餐盤緊緊地蓋在模型上，然後將模型翻轉過來，將蛋糕倒扣在餐盤上。

在醬汁鍋中，用文火加熱檸檬汁和糖粉，直到糖溶解，形成檸檬糖漿。舀至蛋糕上。

為蛋糕撒上糖粉，並用花朵進行裝飾，花朵應在切蛋糕時移除。千萬不要食用裝飾用花，除非你確定這麼做安全無虞。

蛋糕在密封容器中最多可保存 3 日。

萊姆夏洛特蛋糕 *Lime charlotte cake*

綁上緞帶，再疊上閃亮的莓果，一道傳統的夏洛特蛋糕構成如此美麗的焦點擺飾。在這萊姆海綿蛋糕上鋪上芳香撲鼻的萊姆慕斯，再堆上滿滿成熟而多汁的莓果。

萊姆 2 顆，刨碎果皮
2 顆蛋的蛋糕糊配方 1 份（見 P.9）
手指餅乾 200 克（7 盎司）
草莓 300 克（10.5 盎司）
糖粉，撒在表面

餡料

萊姆 3 顆，現榨成果汁
萊姆 1 顆，刨碎果皮
奶油起司 300 克（1⅓ 杯）
煉乳 200 克（將近 1 杯）

16 公分（6.5 吋）的活底深蛋糕模 1 個，塗油並鋪上烤盤紙
漂亮的緞帶 1 條

8 人份

將烤箱預熱至 180℃（350 ℉）瓦斯烤箱刻度 4。

將萊姆果皮拌入蛋糕糊，並舀進蛋糕模。在預熱好的烤箱內烘烤 20 — 30 分鐘，烤至蛋糕呈現金棕色，用手按壓，蛋糕會彈回，而且用刀子插入每塊蛋糕的中心，刀子不會沾附麵糊為止。讓蛋糕在模中放涼。

製作餡料。將萊姆汁和萊姆皮、奶油起司及煉乳放入攪拌碗，一起攪打至形成濃縮的乳霜狀。將慕斯舀至冷卻的蛋糕頂端，然後放入冰箱冷卻至少 3 小時，能冷藏一整夜更好，直到慕斯凝固。

在準備要將蛋糕端上桌前，請用刀劃過模型邊緣，並拆開模型側邊。移除模型底部和烤盤紙，將蛋糕擺在餐盤上。小心地將手指餅乾按壓在蛋糕側邊，手指餅乾會因粘住慕斯而固定住。將手指餅乾在蛋糕周圍排成一圈後，用緞帶綁住蛋糕，將手指餅乾牢牢固定。

將大部分的草莓去蒂，但保留一小部分以營造紅綠色的對比。將草莓擺在夏洛特蛋糕頂端，保留蒂頭的草莓就擺在最上面。撒上糖粉後端上桌。

蛋糕最多可冷藏保存 3 日，但只能在上桌前進行組裝，因為手指餅乾會隨著時間而軟化。

迷你維多利亞多層蛋糕
Mini Victoria layer cakes

經典夾心蛋糕是我的最愛之一。而且我還真不知道有誰會拒絕一塊維多利亞海綿蛋糕！這是迷你版食譜，優雅地在蛋糕上擺上玫瑰花蕾，同時夾入鮮奶油和果醬。你可依個人喜好，用經典的奶油霜來取代鮮奶油，但我認為鮮奶油可營造更清爽及較不甜膩的口感。這些玫瑰花蕾只做為裝飾，不應食用。若你想採用可食用的裝飾，請改成糖霜玫瑰花瓣（見 P.26）。

香草精 1 小匙
2 顆蛋的蛋糕糊配方 1 份（見 P.9）
高脂鮮奶油 300 毫升（1¼ 杯）
覆盆子醬 4 大匙
糖粉，撒在表面
符合食品安全、不含殺蟲劑的
迷你玫瑰花蕾 8 朵

6.5 公分（2.5 吋）的中空圓形
蛋糕模（cake ring）8 個，塗
油並擺在塗油的烤盤中
裝有大型圓口擠花嘴的擠花袋
2 個

8 個

將烤箱預熱至 180℃（350 °F）瓦斯烤箱刻度 4。

將香草拌入蛋糕糊，將混料均分至蛋糕模。你可用湯匙舀麵糊，或是裝入擠花袋，方便擠出。在預熱好的烤箱內烘烤 15 — 20 分鐘，烤至蛋糕呈現金棕色，而且用手按壓，蛋糕會彈回。讓蛋糕在模中放涼幾分鐘，然後用利刀劃過每個圓形蛋糕模內部的邊緣。將蛋糕擺在網架上，放至完全冷卻。

在準備要將蛋糕端上桌前，用打蛋器將鮮奶油打發至形成直立尖角。將鮮奶油舀進擠花袋。用大型鋸齒刀將每塊蛋糕橫切成三份。舀一些果醬至每塊底層蛋糕上，接著擠上漩渦狀的鮮奶油。蓋上中間層蛋糕，再鋪上一些果醬並擠上鮮奶油。最後疊上頂端的蛋糕，並撒上糖粉。在每塊蛋糕頂端的中央擠出一些鮮奶油，將一朵玫瑰固定在上面。花朵只做為裝飾，應在切蛋糕時移除。千萬不要食用裝飾用花，除非你確定這麼做安全無虞。

直接端上桌或是冷藏儲存至準備好要享用的時刻。由於蛋糕含有鮮奶油，冷藏最多可保存 2 日，建議在製作當天食用完畢。

果園秋收海綿蛋糕

Orchard harvest sponge cake

這是一道成分簡單 —— 僅以新鮮水果和鮮奶油製成 —— 但味道可口的蛋糕，而且使我想起果園的收穫季節。每一層蛋糕都鋪上珍珠糖（pearl sugar crystal），增添清脆口感。可任意使用你所選擇的水果，只要確保它們都很漂亮、成熟 —— 我用了杏桃（apricot）、油桃[12]和李子（plum），蘋果、洋梨和櫻桃也非常適合。

香草鹽 1 撮（或純香草精 1 小匙加鹽 1 撮）
6 顆蛋的蛋糕糊配方 1 份（見 P.9）
杏桃 4 顆
李子 5 顆
油桃 2 顆
珍珠糖 2 大匙，撒在表面

餡料

含果肉杏桃醬或一般杏桃醬 4 大匙
高脂鮮奶油 300 毫升（1¼ 杯）
李子或西洋李（damson）醬 2 大匙

20 公分（8 吋）的圓形蛋糕模 3 個，塗油並鋪上烤盤紙

12 人份

將烤箱預熱至 180℃（350 ℉）瓦斯烤箱刻度 4。

將香草鹽拌入蛋糕糊，將混料均分至蛋糕模。

將杏桃和李子切半並去核。將杏桃的切面朝下，擺在一個蛋糕模的蛋糕糊表面，接著另一個蛋糕模中也以同樣方式擺放杏桃。將油桃去核，切成厚片。在最後一個蛋糕模中，用油桃片在蛋糕糊表面排成圓圈狀。為每個蛋糕撒上珍珠糖。在預熱好的烤箱內烘烤 30 — 40 分鐘，烤至蛋糕呈現金棕色，用手按壓，蛋糕會彈回，而且水果已經軟化。讓蛋糕在模中放涼，因為水果的緣故，蛋糕在溫熱時還很脆弱。

在準備要將蛋糕端上桌前，在醬汁鍋中將兩大匙杏桃醬加熱至融化。將鮮奶油打發至形成直立尖角。選擇最漂亮的蛋糕做為頂層。將另一塊蛋糕擺在餐盤上，並刷上一些溫熱的杏桃醬以增加光澤。將其中一半的鮮奶油舀至蛋糕上並抹開，接著在鮮奶油上放上小匙的李子醬。蓋上第 2 塊蛋糕，再刷上溫熱的杏桃醬以增加光澤。鋪上剩餘的鮮奶油，並放上未加熱的杏桃醬。放上最後一塊蛋糕，並刷上剩餘溫熱的杏桃醬鏡面。

直接端上桌或是冷藏儲存至準備好要享用的時刻。由於蛋糕含有鮮奶油，冷藏最多可保存 2 日，建議在製作當天食用完畢。

12　一般的桃子大多有絨毛，水分較高，較不耐壓，也不耐煮。油桃（nectarine）因無絨毛，果肉較一般桃子堅硬，也更耐煮，水分含量較低，但糖分較高，因而很適合用來製作甜點。

Rustic Style

鄉 村 風 情

香料洋梨蛋糕 *Spiced pear cake*

這是道外型簡約，卻很美味的蛋糕 —— 有芳香的香料，並在細緻柔軟的燉洋梨中填入肉桂巧克力，讓人忍不住一口接一口地吃。洋梨本身就是一種優雅的裝飾，並再以可口的太妃醬做為鏡面。

肉桂粉 1 小匙
薑粉 1 小匙
綜合香料粉／蘋果派香料 1 小匙
香草豆粉 ½ 小匙或純香草精 1
小匙
肉豆蔻粉 ¼ 小匙
5 顆蛋的蛋糕糊配方 1 份（見 P.9）
純／苦甜肉桂巧克力或純／苦
甜巧克力 9 塊

洋梨

熟洋梨 9 小顆
蜂蜜 2 大匙
馬德拉酒或甜雪莉酒 80 毫升
（⅓ 杯）
檸檬 1 顆，現榨成果汁

焦糖鏡面

細砂糖 100 克（½ 杯）
奶油 50 克（3.5 大匙）
高脂鮮奶油 200 毫升（¾ 杯）

25 公分（10 吋）的方形蛋糕
模 1 個，塗油並鋪上烤盤紙
挖球器（melon baller）

10 人份

先燉洋梨。將洋梨削皮，也可保留細條狀的果皮做為裝飾花樣。在醬汁鍋中放入洋梨、蜂蜜、馬德拉酒、檸檬汁和足夠的水，並淹過洋梨。以中火燉約 15 — 20 分鐘，燉煮至洋梨變軟。將洋梨瀝乾並放入一碗冷水中，直到洋梨冷卻至可以用手拿取。用挖球器從每顆洋梨的底部朝果核處方向挖球，保持蒂頭的完整。

將烤箱預熱至 180°C（350°F）瓦斯烤箱刻度 4。

將肉桂粉、薑粉、綜合香料粉／蘋果派香料、香草和肉豆蔻拌入蛋糕糊，並舀進蛋糕模。在每顆洋梨的洞中放入一塊巧克力，然後將洋梨擺進蛋糕模的蛋糕糊中，讓洋梨平均地分散開來。烤 30 分鐘，然後將溫度調低至 150°C（300°F）瓦斯烤箱刻度 2，再烤 30 — 45 分鐘，直到用手按壓，蛋糕會彈回，而且用刀子插入每塊蛋糕的中心，刀子不會沾附麵糊為止。讓蛋糕在模中放至完全冷卻。

製作焦糖鏡面。在醬汁鍋中以小火加熱糖和奶油，直到糖開始焦糖化。離火後，加入鮮奶油攪打，請小心焦糖可能會濺出。繼續加熱，攪打至形成金黃色的焦糖醬。

將蛋糕擺在餐盤上，用糕點刷（pastry brush）在表面刷上焦糖醬。也可以在側邊額外刷上醬汁。

蛋糕在密封容器中最多可保存 3 日。

巴西堅果香蕉焦糖蛋糕
Banana Brazil nut caramel cakes

如果你喜歡香蕉，那麼這些迷你蛋糕會讓你樂在其中。蛋糕糊中含有大量的香蕉泥和巴西堅果碎屑，然後在蛋糕表面鋪上焦糖巴西堅果和黏稠的太妃醬。讓人宛如置身天堂！

熟香蕉 1 根
萊姆 1 顆，現榨成果汁
黑砂糖 115 克（滿滿½杯）／
軟化的奶油 115 克（1 條）
蛋 2 顆
自發麵粉 115 克（滿滿¾杯），
過篩
巴西堅果 80 克（⅔杯），磨碎
鹽 1 撮

焦糖糖衣

奶油 50 克（3.5 大匙）
高脂鮮奶油 75 克（⅓杯）
糖粉 60 克（½杯），過篩

裝飾

細砂糖 100 克（½杯）
整顆的巴西堅果 6 顆

迷你皮力歐許模（mini brioche
mould）6 個，塗油並擺在烤
盤上
矽膠烤盤墊或塗油的烤盤 1 個

9 個

將烤箱預熱至 180℃（350 ℉）瓦斯烤箱刻度 4。

用叉子攪拌香蕉和萊姆汁，直到形成滑順的果泥。將香蕉泥、黑砂糖和奶油放入大型攪拌碗，打至鬆發泛白。加蛋攪打，一次一顆，每加入一顆就加以攪打。用塑膠刮刀輕輕拌入麵粉、巴西堅果和鹽。將混料均分至迷你皮力歐許模中，在預熱好的烤箱內烘烤 15 — 20 分鐘，烤至蛋糕呈現金棕色，而且用手按壓，蛋糕會彈回。讓蛋糕在模中放涼幾分鐘，然後用刀小心地劃過模型內緣，讓蛋糕與模型鬆脫。

製作裝飾，在醬汁鍋中以小火將糖加熱至融化。煮糖時請勿攪拌，但請轉動鍋子，以確保糖沒有燒焦。請用鉗子將巴西堅果浸入焦糖中，因糖非常燙，所以請務必小心。將焦糖堅果擺在矽膠烤盤墊或預備的烤盤上凝固。

在鍋中加入奶油，和剩餘的焦糖一起加熱至奶油融化。加入鮮奶油，攪打至所有的糖塊都完全溶解並形成滑順的焦糖。加入糖粉一起攪拌，讓糖衣變得濃稠。若有結塊，請用篩子過濾糖衣。將糖衣淋在蛋糕上，下方墊一張鋁箔紙盛接滴落的焦糖。在每塊蛋糕頂端擺上一整顆的巴西堅果。

蛋糕在密封容器中最多可保存 3 日，建議在製作當天食用完畢。

夏洛特皇家蛋糕 *Charlotte royale*

這道蛋糕的「裸感」十足，因為蛋糕本身就是一種裝飾。實際須要用到的慕斯和蛋糕份量將依你使用的蛋糕模或碗的大小而定。

蛋 8 顆
細砂糖 230 克（1 杯加 2 大匙），再外加撒在表面的用量
香草鹽 1 撮（或海鹽 1 撮加純香草精 1 小匙）
自發麵粉 230 克（1¾杯），過篩
草莓或杏桃醬 8 大匙

草莓慕斯

草莓 600 克（1 磅 5 盎司）
細砂糖 200 克（1 杯）
香草莢 1 根，剖開成兩半，並將籽刮出
吉利丁粉 2 大匙
高脂鮮奶油 1 升（4 杯）

40×28 公分（16×11 吋）的瑞士卷模 2 個，塗油並鋪上烤盤紙
26 公分（10.5 吋）的蛋糕模或 10 公分（4 吋）深的大碗 1 個
裝有大型星形擠花嘴的擠花袋 1 個

20 人份

將烤箱預熱至 200℃（400 °F）瓦斯烤箱刻度 6。

在大型攪拌碗中將蛋和糖一起打成濃稠的乳霜狀。加入香草鹽和麵粉，用塑膠刮刀以非常輕地力道拌勻，盡可能地確保拌入越來越多的空氣。將混料分裝至瑞士卷模，每個模型烤 10 — 12 分鐘，直到海綿蛋糕變為金黃色，而且在按壓時感到結實。

將每個蛋糕倒扣在一張撒上糖的烤盤紙上。移除原本墊海綿蛋糕的紙，讓蛋糕冷卻幾分鐘，接著為每塊海綿蛋糕抹上果醬。將每塊海綿蛋糕從長的一邊捲起，緊緊捲成螺旋狀，並放至完全冷卻，然後再用撒上糖的紙包起。冷卻後，用保鮮膜將蛋糕連同紙一起包起至須要使用的時刻。

製作慕斯。保留一把草莓做為蛋糕擺盤用，將剩餘的草莓去蒂並切片。將切片草莓、糖、香草莢、香草籽和 200 毫升（¾杯）的水一起放入醬汁鍋中，以小火燉 5 分鐘，或是煮至水果變得非常軟。移除並丟棄香草莢，並將水果和湯汁一起過篩，一邊用湯匙匙背按壓水果。將留在篩網中的果肉丟棄。將吉利丁粉撒在溫熱的草莓湯汁中，攪打至粉末溶解，然後放涼。過篩混料，以確保去除未溶解的吉利丁粉。將鮮奶油打發至形成直立尖角，再和冷卻的草莓糖漿一起攪打。

為蛋糕模鋪上 3 層保鮮膜，確保保鮮膜之間沒有空隙，並讓部分的保鮮膜垂在模型側邊，以便在慕斯凝固時方便將蛋糕取出。將瑞士卷切成約 1.5 — 2 公分（½—¾吋）寬的片狀。在模型底部和側邊鋪上約 2 — 3 片的瑞士卷，請緊密地排在一起，讓它們彼此靠攏，而且沒有縫隙。可用按壓的方式讓蛋糕片固定，或是再加入小片的蛋糕卷以填補空隙。

將慕斯倒入碗中，冷藏凝固幾小時，或是直到慕斯開始變得濃稠。將剩餘的切片蛋糕卷鋪在慕斯表面，確保之間沒有空隙。在碗的上方用一層保鮮膜包起，冷藏一整夜，讓慕斯完全凝固。

端上桌之前，請將頂層的保鮮膜移除。將一個大型餐盤擺在碗的上方，然後緊抓著碗和盤子，翻轉蛋糕，讓蛋糕從碗中脫落，並置於盤上。小心地去掉保鮮膜，立刻連同預留的草莓一起端上桌。

美麗鳥蛋糕 *Pretty bird cake*

只須要一個動人的焦點裝飾，就能讓蛋糕驚豔全場。這是一道造型極簡的巧克力蛋糕，再加上一隻美麗小鳥的亮麗變身。也可使用其他符合季節性的鄉村裝飾品。

軟化的奶油 225 克（2 條）
細砂糖 225 克（滿滿 1 杯）
蛋 4 顆
自發麵粉 200 克（1.5 杯），
過篩
無糖可可粉 60 克（滿滿 ½
杯），過篩
原味優格 2 大匙
鹽 1 撮

餡料

糖粉 250 克（1¾ 杯），過篩
無糖可可粉 2 大匙，過篩
軟化的奶油 1 大匙
奶油起司 1 大匙
牛乳少許（如有須要）

甘那許頂飾

高脂鮮奶油 100 毫升（滿滿 ⅓
杯）
純／苦甜巧克力 100 克（3.5
盎司），弄碎成小塊
奶油 1 大匙
金黃糖漿／淺色玉米糖漿 1 大匙

20 公分（8 吋）的圓形蛋糕模
2 個，塗油並鋪上烤盤紙
裝飾鳥 1 隻

8 人份

將烤箱預熱至 180°C（350 °F）瓦斯烤箱刻度 4。

製作海綿蛋糕。以手持式電動攪拌棒將奶油和糖打至鬆發泛白，加入蛋後再度攪打。用塑膠刮刀拌入麵粉、可可粉、優格和鹽，直到所有材料充分混合。將混料均分至蛋糕模，在預熱好的烤箱內烘烤 25 — 30 分鐘，烤至用手按壓，蛋糕會彈回，而且用刀子插入每塊蛋糕的中心，刀子不會沾附麵糊為止。讓蛋糕在模中放涼幾分鐘，然後在網架上脫模，放至完全冷卻。

製作餡料。將糖粉、可可粉、奶油和奶油起司一起攪打至形成滑順濃稠的糖衣，若混合物過於濃稠，可加入牛乳。

以隔水加熱的方式製作甘那許，在耐熱碗中放入鮮奶油、巧克力、奶油和糖漿，碗底絕對不可碰到微滾的熱水。加熱至巧克力融化，然後將所有材料攪打至形成滑順有光澤的醬汁。

將一塊蛋糕擺在餐盤上，並用抹刀或金屬刮刀鋪上厚厚一層奶油霜餡料。擺上第 2 塊蛋糕，再鋪上厚厚一層甘那許。

蛋糕在密封容器中最多可保存 2 日，建議在製作當天食用完畢。

優格鮮莓邦特蛋糕

Yogurt Bundt cake with fresh berries

這道蛋糕的外型相當簡約,雖只是平凡的傳統香草蛋糕,但只要使用裝飾性的邦特蛋糕模,再撒上糖粉,就能讓這道蛋糕重新充滿活力。製作時,在蛋糕糊中額外添加優格,能讓蛋糕變得更加可口且濕潤。為每塊端上桌的切片蛋糕,擺上莓果並在側邊加上打發鮮奶油,這道蛋糕就是極簡的代表。

希臘／美國脫乳清原味優格
(Greek/US strained plain
yogurt)200 克(將近 1 杯)
香草豆粉 ½ 小匙或純香草精 1
小匙
5 顆蛋的蛋糕糊配方 1 份(見 P.9)
糖粉,撒在表面
新鮮莓果與水果,裝飾用
高脂鮮奶油,打發至形成直立
尖角,或法式酸奶油,裝飾用

25 公分(10 吋)的邦特蛋糕
模 1 個,塗油

10 人份

將烤箱預熱至 180℃(350 °F)瓦斯烤箱刻度 4。

用塑膠刮刀將優格和香草拌入蛋糕糊,並舀進邦特蛋糕模中。在預熱好的烤箱內烘烤 40 — 50 分鐘,烤至用手按壓,蛋糕會彈回,而且用刀子插入每塊蛋糕的中心,刀子不會沾附麵糊為止。冷卻後進行脫模,用刀劃過模型邊緣,讓蛋糕鬆脫,然後倒扣在蛋糕架或餐盤上。

將蛋糕擺在蛋糕架上,並撒上大量的糖粉。在蛋糕中央擺滿新鮮莓果和水果,並搭配幾匙打發鮮奶油後端上桌。

蛋糕在密封容器中最多可保存 2 日,上桌前再以水果進行裝飾。

鏡面杏桃蛋糕 *Glazed apricot cake*

在杏桃成熟且當季時,很少有比這道更為可口的蛋糕。在表面鋪上鏡面燉杏桃,並以馬德拉酒所烤的烤杏桃做為餡料,這道蛋糕展現出十足的夏日風情。

香草粉 ½ 小匙或純香草精 1 小匙
4 顆蛋的蛋糕糊配方 1 份(見 P.9)
杏桃醬 1 大匙
亮光膠(fixing gel)或杏桃鏡面 2 大匙
高脂鮮奶油 300 毫升(1¼ 杯)
符合食品安全、不含殺蟲劑的花,如葛拉漢湯瑪士玫瑰(Graham Thomas rose),裝飾用

杏桃
杏桃 750 克(1 磅 10 盎司)
細砂糖 150 克(¾ 杯)
馬德拉酒 250 毫升(1 杯)
奶油 50 克(3.5 大匙)

20 公分(8 吋)的圓形蛋糕模 2 個,塗油並鋪上烤盤紙

10 人份

先準備杏桃。將其中一半的杏桃整顆放入醬汁鍋中,並加入 1 升(4 杯)的水、100 克(½ 杯)的糖和 125 毫升(½ 杯)的馬德拉酒。以小火燉約 5 分鐘,直到水果正好軟化。將水果瀝乾並放涼。

將烤箱預熱至 180℃(350 ℉)瓦斯烤箱刻度 4。

將剩餘的杏桃切半並去核,放入烤盤,淋上剩下的馬德拉酒,撒上剩餘的糖,並用奶油點綴其中。在預熱好的烤箱內烘烤約 20 分鐘,直到水果軟化,而且果汁形成糖漿狀。擺在一旁放涼。烤箱不要熄火,用來烤蛋糕。

將香草拌入蛋糕糊中,將混料均分至兩個蛋糕模。烘烤 25 — 30 分鐘,烤至蛋糕呈現金棕色,用手按壓,蛋糕會彈回,而且用刀子插入每塊蛋糕的中心,刀子不會沾附麵糊為止。讓蛋糕在模中放涼幾分鐘,然後在網架上脫模,放至完全冷卻。

準備將蛋糕端上桌前,在頂層蛋糕上刷上杏桃醬。可避免當燉杏桃擺在蛋糕頂端時,變得過濕。將燉杏桃切半,去核後,在蛋糕頂端排成裝飾性花樣。依包裝說明製作亮光膠,並加入一大匙的杏桃烤汁,為其調味。小心地淋在杏桃蛋糕上,讓亮光膠凝固(若你使用的是杏桃鏡面,而非亮光膠,請在醬汁鍋中加入一大匙的燉杏桃煮汁,用小火加熱,再用糕點刷刷在杏桃表面)。

預留三分之二的烤杏桃,並將剩餘三分之一的烤杏桃和烤汁一起放入食物處理機中打成泥。將鮮奶油放入大碗中,打發至形成直立尖角。攪入杏桃泥,並形成漣漪狀的花紋。在另一塊蛋糕上,將杏桃奶油醬抹開成漩渦狀,並擺上預留的烤杏桃。疊上裝飾好的鏡面蛋糕。若你喜歡,也可用花朵裝飾,但請在切蛋糕時移除。千萬不要食用裝飾用花,除非你確定這麼做安全無虞。

直接端上桌或是冷藏儲存至準備好要享用的時刻。由於蛋糕含有鮮奶油,冷藏最多可保存 2 日,建議在製作當天食用完畢。

裸感胡蘿蔔方塊蛋糕

Naked carrot cake squares

胡蘿蔔蛋糕是下午茶會中最受歡迎的蛋糕之一。僅以肉桂糖漬胡蘿蔔做簡單裝飾，這道蛋糕質樸卻相當美味。

植物油 200 毫升（¾ 杯）
蛋 3 顆
細砂糖 250 克（1¼ 杯）
黑砂糖 70 克（⅓ 杯）
酸奶油 150 毫升（⅔ 杯）
自發麵粉 250 克（滿滿
1¾ 杯），過篩
杏仁粉 100 克（1 杯）
肉桂粉 1 小匙
薑粉 1 小匙
香草豆粉 ½ 小匙
綜合香料粉／蘋果派香料
1 小匙
肉豆蔻粉 1 撮
長軟甜味椰絲 200 克（將
近 3 杯）
切碎的烤榛果 60 克（½
杯）
胡蘿蔔 300 克（10.5 盎
司），刨碎
柳橙汁 100 毫升（⅓ 杯）
檸檬 1 顆，刨碎果皮

胡蘿蔔

胡蘿蔔 3 根
細砂糖 100 克（½ 杯），
再外加裝飾用量
檸檬 1 顆，現榨成果汁
肉桂棒 ½ 根
純香草精 1 小匙
胡蘿蔔葉 1 片，裝飾用

糖霜

奶油起司 1 大匙
糖粉 300 克（滿滿 2 杯），
過篩
軟化的奶油 1 大匙
肉桂粉 ½ 小匙
檸檬 1 顆，現榨成果汁

30×20 公分（12×8 吋）
的蛋糕模 1 個，塗油並鋪
上烤盤紙
烤盤 1 個，鋪上矽膠烤盤
墊或塗油

24 個

準備胡蘿蔔。將胡蘿蔔削皮，然後用利刀將胡蘿蔔切成看起來像胡蘿蔔的小三角形。在醬汁鍋中放入 400 毫升（1⅔ 杯）的水，並加入糖、檸檬汁、肉桂棒和香草，將糖漿煮沸，讓糖溶解。加入胡蘿蔔，以小火燉糖漿 2—3 分鐘，直到胡蘿蔔剛好軟化。將胡蘿蔔鋪在烤盤紙上，撒上薄薄一層糖，並置於溫暖處，風乾一整夜。

將烤箱預熱至 150℃（300 ℉）瓦斯烤箱刻度 2。

製作蛋糕。在大型攪拌碗中同時攪打植物油、蛋、細砂糖、黑砂糖和酸奶油。將其過篩至麵粉和杏仁粉，並加入肉桂、薑、香草、綜合香料粉／蘋果派香料和肉豆蔻粉，將所有材料攪拌勻勻。拌入椰絲和榛果。在另一個碗放入刨碎的胡蘿蔔，並倒入柳橙汁，攪拌勻勻，讓所有的胡蘿蔔都沾附柳橙汁。將胡蘿蔔、柳橙汁和檸檬皮拌入蛋糕糊中。將混料倒入蛋糕模，並在預熱好的烤箱內烘烤 1.25—1.5 分鐘，烤至蛋糕摸起來結實，呈現金棕色，而且用刀子插入每塊蛋糕的中心，刀子不會沾附麵糊為止。讓蛋糕在模中放涼。

製作糖霜。將奶油起司、糖粉、奶油、肉桂和檸檬汁一起打至形成滑順濃稠的糖衣。你可能不須要用到所有的檸檬汁，因此請逐步加入。用抹刀或金屬刮刀將糖霜抹在蛋糕上。將蛋糕切成 24 個方形小蛋糕，並在每塊小蛋糕上擺上一些糖漬胡蘿蔔和一小片胡蘿蔔葉。

蛋糕在密封容器中最多可保存 3 日，建議在上桌前再以胡蘿蔔進行裝飾。

無麩質薑味香草蛋糕

Gluten-free ginger and vanilla cake

這道蛋糕本身不含麩質，卻不保證適合每個人食用，不管他們是否對小麥過敏。以細緻的打發薑味鮮奶油做為夾心，再擺上漂亮的甘菊花或雛菊，這是道簡單的夏日蛋糕。最重要是要使用無麩質的糖粉，因為有些抗結劑[13] 含有小麥的成分。

細砂糖 225 克（滿滿 1 杯）
軟化的奶油 225 克（2 條）
蛋 4 顆
杏仁粉 140 克（滿滿 1⅓ 杯）
無麩質自發麵粉 115 克或無麩質中筋麵粉滿滿 ¾ 杯外加無麩質泡打粉 1 小匙和玉米糖膠 ½ 小匙，過篩
薑粉 1 小匙
香草豆莢 ½ 小匙或純香草精 1 小匙
鹽 1 撮
酪乳 2 大匙
以糖漿浸漬的糖漬蜜薑（stem ginger）4 塊，切成細碎，再加浸漬糖漿 1 大匙
糖粉，撒在表面
不含殺蟲劑的可食用甘菊花或雛菊，裝飾用

餡料
高脂鮮奶油 250 毫升（1 杯）
薑糖漿 2 大匙

20 公分（8 吋）的圓形蛋糕模 2 個，塗油並鋪上烤盤紙

10 人份

將烤箱預熱至 180℃（350 ℉）瓦斯烤箱刻度 4。

製作蛋糕。將糖和奶油攪打至鬆發泛白。一次打一顆蛋，每加入一顆蛋就加以攪打。加入杏仁粉、麵粉、薑粉、香草和鹽，攪拌勻勻。拌入酪乳、切碎的薑和薑糖漿，然後將混料均分至蛋糕模中。在預熱好的烤箱內烘烤 30 — 40 分鐘，烤至蛋糕呈現金棕色，用手按壓，蛋糕會彈回，而且用刀子插入每塊蛋糕的中心，刀子不會沾附麵糊為止。讓蛋糕在模中放涼幾分鐘，然後在網架上脫模，放至完全冷卻。

準備要將蛋糕端上桌前，將鮮奶油和薑糖漿放入攪拌碗，打發至形成直立尖角。將第一塊蛋糕擺在餐盤上，抹上幾大匙的奶油醬。放上第 2 塊蛋糕，撒上糖粉。將甘菊花或雛菊擺在蛋糕頂端，並立刻端上桌。儘管這些花是可食用花，但建議只做為裝飾用，因為它們可能帶有苦味。千萬不要食用裝飾用花，除非你確定這麼做安全無虞。

直接端上桌或是冷藏儲存至準備好要享用的時刻。由於蛋糕含有鮮奶油，冷藏最多可保存 2 日，建議在製作當天食用完畢，端上桌前再以鮮花裝飾，以呈現出最美麗的效果。

13　抗結劑（anti-caking agent），添加於顆粒、粉末狀食品中防止結塊的物質。

柳橙白巧克力圓頂蛋糕

Orange and white chocolate dome cakes

這些漂亮的小圓頂蛋糕看起來就像是一座火山。它們裝了滿滿的柳橙皮，並以白巧克力和經典的巧克力橙皮進行裝飾。如果你偏好檸檬，只要在蛋糕糊中加入檸檬皮，使用 4 顆檸檬所榨的檸檬汁來製作糖漿，並在頂端擺上巧克力檸檬皮，吃起來也同樣可口。

柳橙 2 顆，刨碎果皮
香草精 1 小匙
4 顆蛋的蛋糕糊配方 1 份(見 P.9)

糖漿

柳橙 3 顆，現榨成果汁
糖粉 2 大匙，過篩

裝飾

白巧克力 100 克（3.5 盎司）
巧克力橙皮條 18 條

6 孔的半球型巧克力矽膠模
（chocolate teacake mould）或
矽膠馬芬蛋糕模 3 個

18 個

將烤箱預熱至 180℃（350 ℉）瓦斯烤箱刻度 4。

將柳橙皮和香草拌入蛋糕糊，分裝至模型的孔洞中。如果你只有一個半球型矽膠模，請分批烘烤，並在每次使用後將模型清洗乾淨。在預熱好的烤箱內烘烤 20 — 25 分鐘，烤至蛋糕呈現金棕色，而且用手按壓，蛋糕會彈回。將蛋糕從模型中壓出，並置於網架上放涼。放涼時，請將平面朝下地擺在網架上，讓蛋糕看起來像圓頂狀。

製作糖漿。在醬汁鍋中加熱柳橙汁和糖粉，煮沸。離火後用大湯匙將糖漿淋在蛋糕頂端。建議在網架下方墊一張鋁箔紙，以盛接滴落的糖漿。

製作裝飾。以隔水加熱的方式，在耐熱碗中放入巧克力，碗底絕對不可碰到微滾的熱水。加熱至巧克力融化，然後打至滑順。放涼。

用小湯匙將巧克力淋在每塊蛋糕頂端。將一條巧克力橙皮擺在每塊蛋糕中央，然後讓巧克力凝固。

蛋糕在密封容器中最多可保存 2 日，建議在製作當天食用完畢為佳。

Dramatic Effect

戲 劇 效 果

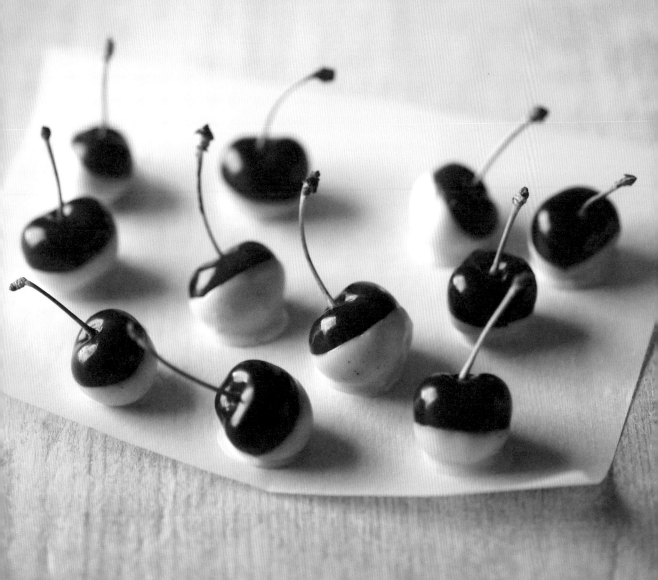

巧克力櫻桃杏仁蛋糕

Cherry and almond cakes with chocolate-dipped cherries

我愛死了巧克力和櫻桃的組合——味道濃郁且令人食指大動。這道蛋糕和當季的櫻桃是完美的搭配，但如果你無法取得新鮮的櫻桃，也能改用糖漬櫻桃。

軟化的奶油 340 克（3 條）
細砂糖 340 克（1¾ 杯）
蛋 6 顆
杏仁粉 225 克（2¼ 杯）
自發麵粉 140 克（滿滿 1 杯），
過篩
杏仁精（almond extract）1 小匙
杏仁片 50 克（⅔ 杯）

巧克力糖衣

融化的純／苦甜巧克力 100 克
（3.5 盎司）
翻糖／糖粉 250 克（1¾ 杯），過篩
金黃糖漿／淺色玉米糖漿 2 大匙
水 1—2 大匙（隨意）

裝飾用

新鮮櫻桃約 20 顆
融化的白巧克力 50 克（2 盎司）

38×28 公分（15×11 吋）的長方
形蛋糕模 1 個，塗油並鋪上烤盤
紙
7 公分（3 吋）的圓形切割器
（round cutter）1 個（隨意）

約 *20* 個

將烤箱預熱至 180℃（350 ℉）瓦斯烤箱刻度 4。

製作蛋糕。在大型攪拌盆中將奶油和糖攪拌成糊狀。加蛋，一次加一顆，每加一顆就加以攪打。加入杏仁粉、麵粉和杏仁精，用橡皮刮刀輕輕拌勻。將混料舀至蛋糕模，並撒上杏仁片。在預熱好的烤箱內烘烤 25 — 30 分鐘，烤至蛋糕呈現金棕色，用手按壓，蛋糕會彈回，而且用刀子插入每塊蛋糕的中心，刀子不會沾附麵糊為止。讓蛋糕在模中放涼幾分鐘，然後脫模，用切割器裁切成約 20 個圓形蛋糕。

製作糖衣。在醬汁鍋中以小火加熱巧克力、翻糖／糖粉和糖漿，一起攪打，若混料過稠，請加入 1 — 2 大匙的水。在每塊蛋糕上淋上一些糖衣，且讓糖衣稍微滴落側邊。

將櫻桃半浸入融化的白巧克力中，然後擺在蛋糕頂端。待糖衣和巧克力凝固後再端上桌。

蛋糕在密封容器中最多可保存 3 日。

棋盤蛋糕 *Chequerboard cake*

為求最佳效果，你須要使用棋盤蛋糕模來製作這道蛋糕，因為這種模型可將每份蛋糕糊裝在適當大小的環狀模中，可確保製造出完美的格子圖案效果。若你沒有棋盤蛋糕模組，可將交錯環狀模的蛋糕糊擠在 3 個蛋糕模中，便可製造出類似的效果，但須留意用來裝麵糊的環狀模型必須大小相等，如此一來，在堆疊時才能形成棋盤的花樣。

6 顆蛋的蛋糕糊配方 1 份（見 P.9）
無糖可可粉 60 克（將近 ⅔ 杯），過篩
香草鹽 1 撮
（或海鹽 1 撮加純香精 1 小匙）
融化的白巧克力 100 克（3.5 盎司），放涼
櫻桃醬 4 大匙

糖衣

糖粉 250 克（1¾ 杯），過篩、外加撒在表面用量
軟化的奶油 50 克（3.5 大匙）
融化的白巧克力 60 克（2 盎司），放涼
牛乳 1 大匙（如有須要）

20 公分（8 吋）的棋盤蛋糕模組（具分割圈）3 個，塗油並鋪上烤盤紙
裝有大型圓口擠花嘴的擠花袋 2 個

20 人份

將烤箱預熱至 180℃（350 ℉）瓦斯烤箱刻度 4。

將蛋糕糊約略分成兩半，在其中一個碗中放入略多的麵糊（有 5 個環形黑巧克力蛋糕和 4 個環形白巧克力蛋糕）。將可可粉和些許香草鹽拌入麵糊略多的碗中。將融化的白巧克力和稍多的香草鹽拌入較小份的麵糊裡。將每份麵糊舀至擠花袋。使用裝有分割圈的棋盤蛋糕模，輪流將不同顏色的麵糊擠入蛋糕模。將分割圈移除，並立即將每個模型輕敲流理檯，讓蛋糕糊之間沒有空隙。烘烤 25 — 30 分鐘，烤至用手按壓，蛋糕會彈回，而且用刀子插入每塊蛋糕的中心，刀子不會沾附麵糊為止。讓蛋糕在模中放涼幾分鐘，然後在網架上脫模，放至完全冷卻。

製作糖霜。將糖粉、奶油和冷卻的融化白巧克力一起攪打至形成滑順濃稠的糖衣，若混料過稠，請加入少許牛乳。

將外圈為黑巧克力的一塊蛋糕擺在餐盤上，鋪上一半的奶油霜，然後是一半的果醬。疊上外圈為白巧克力的蛋糕，鋪上剩餘的奶油霜和果醬，最後再疊上剩下的蛋糕，撒上糖粉後端上桌。

蛋糕在密封容器中最多可保存 2 日。

百香巧克力多層蛋糕

Passion fruit and chocolate layer cake

巧克力和百香果是種奇特的組合 —— 巧克力的苦味會強化百香果刺激的味道。在頂端擺上燈籠果[14] 和百香果花，這道蛋糕非常適合極為特別的場合。

5 顆百香果果汁，去籽
黃色食用色素
5 顆蛋的蛋糕糊配方1份（見 P.9）

奶油霜

糖粉 170 克（1¼ 杯），過篩
無糖可可粉 45 克（將近½ 杯），過篩
軟化的奶油 45 克（3 大匙）
牛乳 1 大匙

甘那許

高脂鮮奶油 80 毫升（⅓ 杯）
純／苦甜巧克力 100 克（3.5 盎司）
奶油 1 大匙
金黃糖漿／淺色玉米糖漿 1 大匙

裝飾用

燈籠果約 15 顆
符合食品安全、不含殺蟲劑的百香果花

20 公分（8 吋）和 10 公分（4 吋）的圓形蛋糕模各 2 個，塗油並鋪上烤盤紙

12 人份

將烤箱預熱至 180℃（350 °F）瓦斯烤箱刻度 4。

將百香果汁和幾滴黃色食用色素拌入蛋糕糊。將混料舀進蛋糕模中，將約三分之二的混料分裝至 2 個較大的模型，剩下的三分之一分裝至 2 個較小的模型。在預熱好的烤箱內烘烤 20 — 30 分鐘，烤至蛋糕呈現金棕色，用手按壓，蛋糕會彈回，而且用刀子插入每塊蛋糕的中心，刀子不會沾到麵糊為止。較小的蛋糕所須的烘烤時間比較大蛋糕短，因此請在烘烤結束前確認烘烤狀況。讓蛋糕在模中放涼幾分鐘，然後在網架上脫模，放至完全冷卻。

製作奶油霜。將糖粉、可可粉、奶油和牛乳一起攪打至形成滑順濃稠的糖衣。

以隔水加熱的方式製作甘那許，在耐熱碗中放入鮮奶油、巧克力、奶油和糖漿，碗底絕對不可碰到微滾的熱水。加熱至巧克力融化，然後將所有材料攪打至形成滑順有光澤的醬汁。

進行組裝，將較大的一塊蛋糕擺在餐盤上。用抹刀或金屬刮刀在蛋糕頂端鋪上約三分之二的奶油霜。擺上第 2 塊大蛋糕。在蛋糕頂端鋪上約三分之二的甘那許。將較小的一塊蛋糕擺在大蛋糕中央。在小蛋糕頂端鋪上剩餘的奶油霜，再疊上最後一塊小蛋糕。將剩餘的甘那許厚厚地鋪在蛋糕頂端。

裝飾蛋糕。將燈籠果擺在大蛋糕的邊緣周圍，並撒上糖粉。將百香果花擺在頂端。百香果花只做為裝飾，應在切蛋糕時移除。千萬不要食用裝飾用花，除非你確定這麼做安全無虞。

蛋糕在密封容器中最多可保存 2 日。

14　燈籠果（cape gooseberries），正式名稱為「燈籠草」，亦稱酸漿、黃金莓、鵝莓，原產於中南美洲，很早便引進台灣，多分佈於低海拔的山野、田園間，以中南部最為普遍。果實由燈籠形的花萼所包覆，成熟的果實為黃色，味道酸甜，類似番茄，可直接食用或是製成果醬、甜點、入菜，也經常做為蛋糕的裝飾使用。

綠茶冰淇淋蛋糕 *Green tea ice cream cake*

這些漂亮的粉紅色蛋糕，內含以抹茶粉製成的時髦綠茶冰淇淋餡料。表面有漂亮的花朵裝飾，非常適合在溫暖的夏季享用。若沒有時間製作冰淇淋，可選擇其他口味的現成冰淇淋來取代。

香草豆粉 ½ 小匙或純香草精 1 小匙
4 顆蛋的蛋糕糊配方 1 份（見 P.9）
粉紅色食用色素

冰淇淋

抹茶粉 1 小匙
高脂鮮奶油 400 毫升（1¾ 杯）
牛乳 200 毫升（¾ 杯）
蛋黃 5 個
細砂糖 100 克（½ 杯）
綠色食用色素（隨意）

裝飾用

糖粉，撒在表面
融化的純／苦甜巧克力 50 克
（2 盎司），放涼
糖花

冰淇淋機（隨意）
20 公分（8 吋）的圓形蛋糕模
2 個，塗油並舖上烤盤紙
裝有小型圓口擠花嘴的擠花袋
2 個
6.5 公分（2.5 吋）的圓形切割
器 1 個

10 人份

先製作冰淇淋。在醬汁鍋中以中火加熱抹茶粉、鮮奶油和牛乳，煮沸，不斷攪拌，讓粉末溶解。在攪拌碗中將蛋黃和糖攪打至形成非常濃稠、淡黃色、乳霜狀的蛋奶糊。將奶油醬汁再度煮沸，然後緩緩地倒進蛋奶糊裡，不斷攪拌。最後倒回醬汁鍋內，再煮幾分鐘，直到混料開始變得濃稠，期間不停攪拌。若希望顏色更鮮豔，可再加入幾滴綠色食用色素。將混料倒入碗中，放至完全冷卻。依冰淇淋機的使用說明，將混料攪拌成冰淇淋，冷凍保存至準備好要端上桌的時刻。若沒有冰淇淋機，可將混料倒入製冰盒中加以冷凍，每 20 分鐘左右就予以攪拌，直到冷凍至碎裂冰晶狀態。

將烤箱預熱至 180℃（350 ℉）瓦斯烤箱刻度 4。

將香草拌入蛋糕糊，加入幾滴粉紅食用色素，輕輕拌至顏色均勻。將混料均分至蛋糕模。在預熱好的烤箱內烘烤 20 — 30 分鐘，烤至用手按壓，蛋糕會彈回，而且用刀子插入每塊蛋糕的中心，刀子不會沾附麵糊為止。讓蛋糕在模中放涼幾分鐘，然後在網架上脫模，放至完全冷卻。

冷卻後，用切割器從每塊蛋糕中切出 5 塊圓形海綿蛋糕（在這道食譜中不再須要用到切下的蛋糕邊，但你可將它們攪碎，用來製作酥頂〔crumb〕，並冷凍保存至其他須要用到酥頂的食譜時再使用，例如松露巧克力或蛋糕棒棒糖〔cake pop〕）。將每塊圓形蛋糕橫切成兩半。為每塊蛋糕撒上糖粉，接著將融化的巧克力舀進擠花袋。在蛋糕頂端擠出樹枝狀圖案，用糖花進行裝飾。放至凝固後再端上桌。

將蛋糕端上桌前再從冷凍庫中取出冰淇淋，讓冰淇淋稍微軟化。以同樣的切割器將冰淇淋裁成十個圓餅狀。用刀切下切割器下方的冰淇淋，然後取出餅狀的冰淇淋。將每塊圓餅狀的冰淇淋夾在 2 個切半蛋糕之間，並將有裝飾的切半蛋糕擺在頂端。即可享用。

白巧克力薄荷香草多層蛋糕

White chocolate, peppermint and vanilla layer cake

我熱愛香草與薄荷的清爽組合。由深綠至淺綠的漸層蛋糕、乳白色的巧克力糖霜，以及精緻的糖霜薄荷葉，這道誘人的蛋糕令人難以抗拒。

香草豆粉 ½ 小匙或純香草精 1 小匙
一般用鹽 1 撮
6 顆蛋的蛋糕糊配方 1 份（見 P.9）
綠色食用色素凝膠

白巧克力奶油霜

糖粉 350 克（2.5 杯），過篩
奶油 1 大匙（軟化）
融化的白巧克力 100 克（3.5 盎司），放涼
薄荷精 1 小匙
牛乳少許（如有須要）

糖霜薄荷葉

蛋白 1 個
新鮮薄荷葉
細砂糖，撒在表面

水彩筆 1 枝
烤盤 1 個，鋪上矽膠烤墊或烤盤紙
20 公分（8 吋）的圓形蛋糕模 4 個，塗油並鋪上烤盤紙

12 人份

先製作糖霜薄荷葉，因為這些葉片須風乾一整夜。將蛋白攪打至起很多泡沫。用水彩筆將蛋白塗在葉片的兩面，然後撒上糖，讓每片葉片都鋪上薄薄一層糖。擺在矽膠烤盤墊或烤盤上。置於溫暖處風乾一整夜。乾燥後，將葉片儲存在密封容器中備用。

將烤箱預熱至 180℃（350 ℉）瓦斯烤箱刻度 4。

用橡皮刮刀將香草和鹽拌入蛋糕糊。在麵糊裡加入幾滴食用色素凝膠並拌勻。將四分之一的混料舀進蛋糕模。在剩餘的麵糊中再加入幾滴食用色素，攪打至形成顏色略深的綠色麵糊。將三分之一的混料舀進另一個蛋糕模。剩餘的 2 份麵糊也以同樣方式進行，每次都再加入幾滴食用色素，直到形成 4 塊顏色略有不同的綠色蛋糕。在預熱好的烤箱內烘烤 25 — 30 分鐘，烤至用手按壓，蛋糕會彈回，而且用刀子插入每塊蛋糕的中心，刀子不會沾附麵糊為止。讓蛋糕在模中放涼幾分鐘，然後在網架上脫模，放至完全冷卻。

製作白巧克力奶油霜。將糖粉、奶油、融化的巧克力和薄荷精一起攪打至形成滑順濃稠的糖衣，若混料過稠就加入少許牛乳。

用大型鋸齒刀裁切蛋糕邊緣，露出不同深淺的綠色海綿蛋糕。將顏色最深的綠色蛋糕擺在蛋糕架或餐盤上，然後鋪上薄薄一層奶油霜。擺上顏色次深的蛋糕，再鋪上一些奶油霜。重複同樣的動作，鋪上剩餘的 2 塊蛋糕，最後將顏色最淺的一塊擺在最上面。在蛋糕頂端鋪上一層奶油霜，用糖霜薄荷葉進行裝飾。

蛋糕在密封容器中最多可保存 3 日。

咖啡鳳梨多層蛋糕

Coffee and pineapple layer cake

咖啡和鳳梨的組合或許看似不尋常，但搭配起來卻是美味至極。這道蛋糕以酥脆的鳳梨花進行裝飾，並鋪上可口的馬斯卡邦起司糖衣。你得在前一天製作鳳梨脆片，因為它們須要風乾一整夜。

鳳梨 1 顆
濃縮咖啡 1 份
咖啡精 1 小匙
咖啡鹽（coffee salt）½ 小匙
（隨意）
4 顆蛋的蛋糕糊配方 1 份（見 P.9）

咖啡糖漿

濃縮咖啡 1 份
細砂糖 1 大匙

馬斯卡邦起司奶油醬

馬斯卡邦起司 170 克（6 盎司）
軟化的奶油 60 克（4 大匙）
糖粉 450 克（3¼ 杯），過篩

20 公分（8 吋）的圓形蛋糕模
2 個，塗油並鋪上烤盤紙
烤盤 1 個，鋪上矽膠烤墊或烤
盤紙

10人份

將鳳梨削皮，並橫切成兩半。保留一半的鳳梨做為餡料（用保鮮膜包起，冷藏儲存至準備好要組裝蛋糕的時刻）。用非常利刀，將另一半的鳳梨切成很薄的圓形薄片。將鳳梨片擺在烤盤上，置於溫暖處風乾一整夜。或者你也能將鳳梨片放入烤箱，以最小的火力進行烘烤，每小時確認一下烘烤狀態。鳳梨片烘乾所須的時間，依你烤箱的熱度和鳳梨的成熟度而定。

將烤箱預熱至 180℃（350℉）瓦斯烤箱刻度 4。

將濃縮咖啡、咖啡精和咖啡鹽拌入蛋糕糊裡，並將混料均分至蛋糕模。在預熱好的烤箱內烘烤 20 — 30 分鐘，烤至蛋糕呈現金棕色，用手按壓，蛋糕會彈回，而且用刀子插入每塊蛋糕的中心，刀子不會沾附麵糊為止。讓蛋糕在模中放涼幾分鐘，然後在網架上脫模，放至完全冷卻。

製作咖啡糖漿。在醬汁鍋中加熱濃縮咖啡和糖，直到糖溶解，而且混料形成黏稠的糖漿。放涼。

製作馬斯卡邦起司奶油醬內餡。將馬斯卡邦起司、奶油和糖粉一起攪打至形成滑順濃稠的糖衣。

將預留的半顆鳳梨挖去果核，然後切片。用利刀將兩塊蛋糕都橫切成兩半，形成四層蛋糕。將一個切半蛋糕擺在餐盤上，淋上一些咖啡糖漿。鋪上一層鳳梨片，然後擺上第 2 層切半蛋糕。鋪上一半的馬斯卡邦起司奶油醬，然後再疊上另外一塊蛋糕。為海綿蛋糕淋上一些咖啡糖漿和更多的鳳梨片。擺上最後一塊蛋糕，在蛋糕的頂端和側邊淋上一些咖啡糖漿。在蛋糕頂端鋪上剩餘的馬斯卡邦起司奶油醬，並以乾燥的鳳梨脆片裝飾。

蛋糕在密封容器中最多可保存 2 日，建議在端上桌前再組裝蛋糕。

紅醋栗蛋糕 *Redcurrant cake*

在法國阿爾薩斯（Alsace）的家庭假日裡，我會製作紅醋栗塔。我熱愛這些紅色莓果的刺激酸味。這些小蛋糕以紅醋栗果漬為內餡，並鋪上可口的卡士達奶油醬和鮮奶油。

細砂糖 280 克（將近 1 杯）
軟化的奶油 280 克（2.5 條）
蛋 5 顆
自發麵粉 280 克（滿滿 2 杯），
過篩
酪乳 80 毫升（⅓ 杯）
純香草精 1 小匙

果漬

紅醋栗 300 克（3 杯）
細砂糖 60 克（滿滿 ¼ 杯）

卡士達奶油醬

蛋 1 顆和蛋黃 1 個
玉米粉（cornflour/
cornstarch）2 大匙，過篩）
細砂糖 80 克（⅓ 杯加 1 大匙）
高脂鮮奶油 250 毫升（1 杯）
香草粉或純香草精 1 小匙

裝飾用

糖粉，撒在表面
高脂鮮奶油 200 毫升（滿滿 ¾
杯）

8 公分（3 吋）的凸底派盤
（raised-centre flan pan）6 個，
塗油

6 個

將烤箱預熱至 180℃（350 ℉）瓦斯烤箱刻度 4。

製作蛋糕。在大型攪拌碗中將糖和奶油攪打至鬆發泛白。一次打一顆蛋。拌入麵粉、酪乳和香草，並將混料舀進蛋糕模。在預熱好的烤箱裡烘烤 20 — 30 分鐘，烤至用手按壓，蛋糕會彈回，而且用刀子插入每塊蛋糕的中心，刀子不會沾附麵糊為止。讓蛋糕在模中放涼幾分鐘，然後在網架上脫模，放至完全冷卻。

製作果漬。將紅醋栗、糖和兩大匙的水倒入耐熱盤，和蛋糕一樣烘烤 20 — 30 分鐘，直到水果軟化。從烤箱中取出，放涼。

製作卡士達奶油醬（crème patissière）。在大型的耐熱碗中攪打蛋、蛋黃、玉米粉和糖，打至形成非常濃稠的、乳霜狀的蛋奶糊。在醬汁鍋中，將鮮奶油和香草煮沸。不停攪打，將熱奶油醬倒入蛋奶糊裡。再將混料倒回醬汁鍋中，一直攪打至卡士達醬變得濃稠。注意不要讓混料凝結。若混料開始凝結，請用濾網過濾混料以去除所有結塊，一邊用湯匙匙背按壓結塊。放涼。

將蛋糕擺在餐盤上，將融化的巧克力鋪在蛋糕的凹洞中。為整個蛋糕撒上厚厚一層糖粉。將果漬舀至巧克力上，並蓋上卡士達醬。

將鮮奶油打發至形成直立尖角，舀至卡士達醬上，並形成螺旋狀尖角。用新鮮紅醋栗進行裝飾。

直接端上桌或是冷藏儲存至準備好要享用的時刻。由於蛋糕含有鮮奶油，冷藏最多可保存 2 日，建議在製作當天食用完畢。

巧克力無花果蛋糕 *Chocolate fig cake*

這道以烤無花果裝飾的蛋糕，會讓無花果的愛好者喜出望外。滿滿的可可粉，並夾入芳香的奶油起司糖霜，這道裸感蛋糕擺在任何宴會餐桌的中央，都能營造出戲劇性的效果。

無糖可可粉 60 克（滿滿 ½ 杯），過篩
6 顆蛋的蛋糕糊配方 1 份（見 P.9）
檸檬凝乳 4 大匙

烤無花果

無花果 6 顆
細砂糖 1 大匙
液狀蜂蜜 1 大匙
奶油 1 小塊

奶油霜

糖粉 350 克（2.5 杯），過篩
軟化的奶油 1 大匙
奶油起司 1 大匙
牛乳少許（如有須要）

裝飾用

融化的白巧克力 50 克（2 盎司）
糖粉，撒在表面

20 公分（8 吋）的圓形蛋糕模 3 個，塗油並鋪上烤盤紙
矽膠烤盤墊或塗油的烤盤 1 個

10 人份

將烤箱預熱至 180℃（350 ℉）瓦斯烤箱刻度 4。

將無花果擺在烤盤中，撒上糖。淋上蜂蜜，並在每顆無花果上點上一點奶油。在預熱好的烤箱裡烘烤 15 — 20 分鐘，直到無花果軟化，但仍維持原來的形狀。放涼，但烤箱不要熄火，接續烤蛋糕。

將可可粉拌入蛋糕糊，將混料均分至蛋糕模。在預熱好的烤箱內烘烤 20 — 30 分鐘，烤至用手按壓，蛋糕會彈回，而且用刀子插入每塊蛋糕的中心，刀子不會沾附麵糊為止。讓蛋糕在模中放涼幾分鐘，然後在網架上脫模，放至完全冷卻。

製作奶油霜。將糖粉、奶油和奶油起司一起攪打至形成滑順濃稠的糖衣。若糖霜過稠，請加入少許牛乳。

用大型鋸齒刀將每塊蛋糕橫切成兩半。將一塊切半蛋糕擺在餐盤上或蛋糕架上，鋪上一些奶油霜。淋上一些檸檬凝乳，並疊上第 2 塊切半蛋糕。剩下的蛋糕也以同樣的步驟進行。用剩餘的奶油霜在蛋糕邊緣周圍抹上薄薄一層，但仍然能看到蛋糕的層次。撒上糖粉，並用白巧克力在頂端滴出漂亮的花樣。

進行裝飾，將烤無花果切半，擺在蛋糕頂端和底部的周圍。蛋糕在密封容器中最多可保存 2 日，上桌前再以無花果進行裝飾。

泡芙塔 *Croquembouche*

泡芙塔可能是最早出現的裸感蛋糕，其裝飾來自泡芙本身令人驚豔的堆疊，而非炫麗的糖衣。

泡芙麵糊

中筋麵粉 260 克（2 杯），過篩 2 次
奶油 200 克（1¾ 條），切成小塊
鹽 1 撮
蛋 8 顆

餡料

高脂鮮奶油 600 毫升（2.5 杯）
糖粉 2 大匙
香草豆粉 1 小匙或純香草精 2 小匙

組裝與裝飾

細砂糖 600 克（2 杯）
符合食品安全的花，如茉莉花，裝飾用

烤盤 4 個鋪上烤盤紙或矽膠烤盤墊（或是在每次使用之間重新清洗和晾乾）
裝有圓口擠花嘴的擠花袋 2 個
薄紙板 1 大張
膠帶

20 — 30 人份

在大型醬汁鍋中加入 600 毫升（2.5 杯）的水和鹽，將奶油加熱至融化。奶油一融化，迅速地一次加入所有過篩的麵粉，然後將鍋子離火。水煮沸的時間勿超過奶油融化的時間，因為水分會蒸發。用木匙非常用力地攪打混料，直到混料形成團狀，而且不再黏住鍋邊。混料一開始會看起來非常濕，但幾分鐘後就會聚集在一起。在這個階段中，充分攪打混料非常重要。放涼 5 分鐘。

在另一個碗中打蛋，然後用木匙或打蛋器，每次少量地將蛋拌入麵團中。混料一開始會稍微分離，這是正常現象，只要持續攪打，麵團就會聚集在一起。每個階段都要非常用力地攪打混料。提起打蛋器時，混料形成可維持形狀的黏稠麵糊即可（你可能會偏好分兩批製作泡芙麵糊，因為這樣比較容易攪打）。

將烤箱預熱至 200℃（400 °F）瓦斯烤箱刻度 6。將泡芙麵糊舀進擠花袋中，在烤盤上擠出約 80 顆小麵球。用乾淨的手指沾水，將麵球上的所有尖角理順。在烤箱底部撒上一些水，以製造蒸氣。放進第一批裝有泡芙的的烤盤，並烤十分鐘，接著將烤箱溫度調低為 180℃（350 °F）瓦斯烤箱刻度 4，再烤 10 — 15 分鐘，直到泡芙酥脆。在每顆泡芙上劃一道切口，讓蒸氣溢出，接著在網架上放涼。烤盤上剩餘的泡芙也以同樣方式進行（你可以同時烘烤這些泡芙，但較底層的泡芙須時較久）。冷卻後，用利刀在每顆泡芙底部挖一個小洞。

製作餡料。將鮮奶油、糖粉和香草打發至形成直立尖角，然後舀進第 2 個擠花袋中。為每顆泡芙擠入少量的奶油醬。

用紙板做一個圓錐形紙筒，先修剪底部，好讓紙筒可以站平，約 40 公分（16 吋）高，底部直徑約 18 公分（7 吋），並用膠帶固定。擺在蛋糕架上。

在醬汁鍋中以中火將糖加熱至融化。最好分兩鍋進行，每鍋加熱一半的糖。煮糖時請勿攪拌，但請轉動鍋子，以確保糖沒有燒焦。糖一溶解，就小心地用鉗子將每顆小泡芙浸入焦糖裡。將沾有焦糖的小泡芙擺在圓錐紙筒底部周圍，排成一圈。剩餘的泡芙也以同樣方式進行，圍繞著圓錐紙筒，一直排至頂端。若糖開始凝固就重新加熱。一旦組裝成塔，就用叉子沾剩餘的糖，在泡芙塔上繞圈，讓塔的周圍形成薄薄一層糖絲。

請立刻端上桌，因為纏繞的糖絲會隨著時間而軟化。

健力士黑啤巧克力蛋糕
Chocolate Guinness cake

這道蛋糕中的健力士黑啤酒（Guinness）確實加強了巧克力的風味，也賦予一種可口的苦味，完美地平衡了糖衣的甜度。蛋糕糊中含有大量的可可、融化的巧克力和巧克力豆。這道蛋糕適合任何宴會或慶生的場合。

軟化的奶油 250 克（2¼ 條）
黑砂糖 250 克（1¼ 杯）
香草豆粉 ½ 小匙或純香草精 1 小匙
蛋 2 顆
融化的純／苦甜巧克力 100 克（3.5 盎司）
自發麵粉 280 克（滿滿 2 杯），過篩
無糖可可粉 50 克（½ 杯），過篩、外加撒在表面用量
健力士或司陶特黑啤酒（stout）250 毫升（1 杯）
酸奶油 150 毫升（⅔ 杯）
白巧克力豆 100 克（⅔ 杯）

糖霜
糖粉 300 克（滿滿 2 杯），過篩
軟化的奶油 1 大匙
馬斯卡邦起司 2 大匙
牛乳少許（如有須要）

25 公分（10 吋）的環形邦特蛋糕模 1 個，塗油

20 人份

將烤箱預熱至 180℃（350 °F）瓦斯烤箱刻度 4。

在大型的攪拌碗中，將奶油和黑砂糖一起攪打成乳霜狀。加入香草和蛋，再度攪拌。加入融化的巧克力、麵粉、可可粉、健力士黑啤酒和酸奶油，攪打至所有材料充分混合。拌入巧克力豆，並將混料舀進邦特蛋糕模中。烘烤 30 — 40 分鐘，烤至用手按壓，蛋糕會彈回，而且用刀子插入每塊蛋糕的中心，刀子不會沾附麵糊為止。讓蛋糕在模中放至完全冷卻，然後用刀輔助，在網架上脫模。

製作糖霜。將糖粉、奶油和馬斯卡邦起司一起攪打至形成滑順濃稠的糖衣，若混料過稠，請加入少許牛乳。

將蛋糕擺在餐盤上，在蛋糕頂端鋪上糖衣。撒上少許可可粉。

蛋糕在密封容器中最多可保存 2 日。

The Changing Seasons

四季更迭

檸檬薰衣草蛋糕 *Lemon and lavender cakes*

有著漸層的紫色海綿蛋糕，及薰衣草糖花的漂亮小蛋糕，看起來是多麼的可愛。蛋糕內餡以奶油起司製成的可口奶油霜和薰衣草檸檬凝乳，是夏季茶會的完美裝點。

檸檬 3 顆，刨碎果皮
6 顆蛋的蛋糕糊配方 1 份（見 P.9）
紫色食用色素凝膠
糖粉，撒在表面

薰衣草

可食用薰衣草 10 枝
蛋白 1 個
細砂糖

水晶糖霜

檸檬 5 顆，現榨成果汁
可食用薰衣草 1 小匙
糖粉 2 大匙
檸檬凝乳 3 大匙

奶油霜

糖粉 350 克（2.5 杯），過篩
奶油起司 1 大匙
軟化的奶油 15 克（1 大匙）
檸檬 1 顆，現榨成果汁

水彩筆 1 枝
烤盤 1 個，鋪上矽膠烤盤墊或
烤盤紙
20 公分（8 吋）的圓形蛋糕模
3 個，塗油並鋪上烤盤紙
6.5 公分（2.5 吋）的切割器
裝有小型圓口擠花嘴的擠花袋
1 個

10 個

先製作薰衣草花。因為它們須要風乾一整夜。將蛋白攪打至起很多泡沫。用水彩筆將蛋白塗在整枝薰衣草上，然後撒上糖。所有的薰衣草都以同樣步驟進行，一次一枝，然後擺在預備的烤盤上。置於溫暖處風乾一整夜。乾燥後，將花儲存在密封容器中備用。

將烤箱預熱至 180°C（350 °F）瓦斯烤箱刻度 4。

將檸檬皮拌入蛋糕糊中。將三分之一的混料舀進蛋糕模。在蛋糕混料中加入幾滴食用色素，然後攪拌至形成均勻的淡紫色麵糊。將其中一半的染色混料舀進另一個蛋糕模。在剩餘的蛋糕糊中，再加入幾滴的食用色素，形成較深的紫色，然後將混料舀進最後一個模型。烘烤 25 — 30 分鐘，烤至用手按壓，蛋糕會彈回，而且用刀子插入每塊蛋糕的中心，刀子不會沾附麵糊為止。

在小型醬汁鍋中以中火加熱檸檬汁、薰衣草和糖粉，煮沸。混合一大匙的糖漿和檸檬凝乳，然後擺在一旁，接著將剩餘的糖漿淋在蛋糕上，然後讓蛋糕在模型中放涼。

冷卻後，將蛋糕脫模。將一塊蛋糕擺在砧板上，用切割器裁成 5 塊圓形海綿蛋糕。丟棄裁下的蛋糕邊（這些蛋糕邊亦可製成酥頂，可冷凍保存做為其他須要酥頂的食譜使用，如蛋糕棒棒糖或松露巧克力）。剩下 2 塊蛋糕也以同樣方式進行。將每塊小蛋糕橫切成兩半，因此每種顏色將有 10 塊圓形蛋糕，總共 30 塊蛋糕。

製作奶油霜。將糖粉、奶油起司、奶油和檸檬汁一起攪打至形成滑順濃稠的糖衣。

將奶油霜舀進擠花袋，在顏色最深的紫色蛋糕邊緣擠出一圈奶油霜。於奶油霜中央放上一大匙的薰衣草檸檬凝乳，然後在每塊深紫色蛋糕上，擺上一塊淺紫色蛋糕。同樣擠出一圈奶油霜，再鋪上檸檬凝乳，最後在每塊淺紫色蛋糕上再疊上無色的海綿蛋糕。為蛋糕撒上糖粉，然後以糖霜薰衣草花裝飾。薰衣草的枝梗不可食用，應在食用前移除。

蛋糕在密封容器中最多可保存 3 日，建議在製作當天食用完畢。

馬斯卡邦金盞花薑蛋糕

Ginger cake with mascarpone and marigolds

金盞花的鮮豔花瓣能讓任何一款蛋糕都顯得明豔動人。相較於傳統味道濃郁的薑餅，這道薑味蛋糕則較為清淡。在蛋糕糊中加入一些馬斯卡邦起司糖霜、刨碎的胡蘿蔔和蜜漬糖薑，這是一道質樸又不失美味的蛋糕。

薑粉 2 小匙
保存在糖漿中的糖漬蜜薑 6 塊，外加糖漿 3 大匙
大型胡蘿蔔 3 根，削皮並刨碎
6 顆蛋的蛋糕糊配方 1 份（見 P.9）
糖粉，撒在表面
符合食品安全、不含殺蟲劑的金盞花，裝飾用

馬斯卡邦起司奶油醬

馬斯卡邦起司 125 克（滿滿 ½ 杯）
糖粉 450 克（3¼ 杯），過篩
軟化的奶油 50 克（3.5 大匙）
牛乳 3 — 4 大匙

20 公分（8 吋）和 25 公分（10 吋）的活底蛋糕模各 1 個，塗油並鋪上烤盤紙
裝有大型圓口擠花嘴的擠花袋 1 個

18 人份

將烤箱預熱至 180℃（350 ℉）瓦斯烤箱刻度 4。

　將薑粉、糖漬蜜薑、糖漿和刨碎的胡蘿蔔拌入蛋糕糊，然後舀進蛋糕模，將約三分之二的麵糊分裝至較大的模型中，剩下的三分之一裝至較小的模型裡，讓蛋糕糊的深度相等。烘烤 30 — 40 分鐘，烤至蛋糕呈現金棕色，用手按壓，蛋糕會彈回，而且用刀子插入每塊蛋糕的中心，刀子不會沾附麵糊為止。較小的蛋糕所須的烘烤時間較大蛋糕短，因此在烘烤結束前，請不斷確認烘烤狀況。讓蛋糕在模中放涼幾分鐘，然後在網架上脫模，放至完全冷卻。

　製作馬斯卡邦起司奶油醬。在大型攪拌碗中攪打馬斯卡邦起司、糖粉、奶油和牛乳，由於可能不會用到所有的牛乳，請逐步加入。打至形成滑順濃稠的糖衣，將攪拌器提起時，會形成直立尖角。將馬斯卡邦起司奶油醬舀進擠花袋中。

　進行組裝。用大型鋸齒刀將每塊蛋糕切半。將較大塊的底層蛋糕擺在餐盤上，在蛋糕邊緣擠出一圈糖衣。在蛋糕中央鋪上更多的糖衣，並在這一圈糖衣的內緣，覆蓋上薄薄一層奶油醬。再疊上另外半塊大蛋糕，撒上糖粉。在蛋糕中央鋪上一些糖衣，然後將較小蛋糕的底層蛋糕擺在糖衣上。重複擠奶油醬，再疊上另外半塊的小蛋糕，並撒上糖粉。

　以符合食品安全的新鮮金盞花裝飾。你可食用花瓣（在未噴灑殺蟲劑的前提下），但請勿食用莖或任何綠色的部分。在切蛋糕之前將花移除。千萬不要食用裝飾用花，除非你確定這麼做安全無虞。

　蛋糕在密封容器中最多可保存 3 日，建議在製作當天食用完畢。

大黃卡士達蛋糕 *Rhubarb and custard cake*

大黃和卡士達口味的糖果是我童年的最愛，而這道蛋糕的靈感就源自於此。以滑順的卡士達奶油醬和燉大黃做為餡料，並用非常簡單而漂亮的粉紅色大黃瓦片裝飾，這道蛋糕肯定能擄獲你的芳心。

香草豆粉 ½ 小匙或純香草精 1 小匙
4 顆蛋的蛋糕糊配方 1 份（見 P.9）
糖粉，撒在表面

烤大黃

大黃（最好為粉紅色）600 克（21 盎司），修整後切成成長 3 公分（1¼ 吋）的小段
細砂糖 80 克（⅓ 杯加 1 大匙）
香草豆粉 1 大匙

大黃瓦片

大黃 2 條
粉紅食用色素
檸檬 1 顆，現榨成果汁
細砂糖 1 大匙

卡士達奶油醬

高脂鮮奶油 200 毫升（¾ 杯）
現成卡士達醬 3 大匙
香草粉 1 大匙

旋轉削皮刀
烤盤 1 個，鋪上矽膠烤盤墊或烤盤紙
20 公分（8 吋）的圓形蛋糕模 2 個，塗油並鋪上烤盤紙

10 人份

先製作大黃瓦片，因為它們須要風乾一整夜。切去大黃的兩端，用旋轉削皮刀削成薄長條。將條狀大黃擺在大型的鍋中，被水正好淹過，然後加入幾滴粉紅食用色素、檸檬汁和糖。以小火煮 2 — 3 分鐘，直到大黃剛好變軟。將大黃條擺在預備的烤盤上，並將大黃條扭轉成漂亮的形狀。置於溫暖處風乾一整夜，在這之後大黃應變得酥脆。由於大黃很脆弱，因此在乾燥後請小心地儲存在密閉容器中直到準備好享用蛋糕的時刻。

製作烤大黃。將烤箱預熱至 180℃（350 ℉）瓦斯烤箱刻度 4。將大黃、糖、一大匙的水和香草一起放入耐熱盤中。烘烤 20 — 25 分鐘，直到大黃剛好軟化。放涼。烤箱不要熄火，用來烤蛋糕。

將香草拌入蛋糕糊，輕輕拌入一半冷卻的烤大黃。將混料均分至蛋糕模。烘烤 25 — 30 分鐘，烤至蛋糕呈現金棕色，用手按壓，蛋糕會彈回，而且用刀子插入每塊蛋糕的中心，刀子不會沾附麵糊為止。讓蛋糕在模中放涼幾分鐘，然後在網架上脫模，放至完全冷卻。

製作卡士達餡料。在攪拌碗中將鮮奶油、卡士達醬和香草打發至形成直立尖角。

將一塊蛋糕擺在餐盤上，並鋪上幾大匙的卡士達奶油醬。將剩餘的烤大黃瀝乾，去掉所有烤出的湯汁，鋪在蛋糕上。疊上第 2 塊蛋糕，撒上糖粉，並在頂端擺上大黃瓦片。

直接端上桌或是冷藏儲存至準備好要享用的時刻。由於蛋糕含有鮮奶油，冷藏最多可保存 2 日，建議在製作當天食用完畢。

巧克力栗子蛋糕 *Chocolate chestnut cake*

栗子是很少用在烘焙上 —— 但我熱愛它細緻的風味。這道蛋糕以栗子、巧克力和香草蛋糕層層堆疊，以栗子奶油霜做為內餡，並鋪上光滑的巧克力甘那許和具有節慶氣氛的糖漬栗子（marron glacé）。儘管糖漬栗子要價昂貴，但用來裝飾這道蛋糕，做為奢侈的享受，絕對值得。若因個人偏好，亦可使用較便宜的栗子碎片，而非整顆的糖漬栗子，結果同樣美觀。

6 顆蛋的蛋糕糊配方 1 份（見 P.9）

無糖可可粉 40 克（滿滿⅓杯），過篩

栗子泥 80 克（將近¼杯）

純香草精 1 小匙

糖漬栗子 10 顆

融化的純／苦甜巧克力 100 克（3¾盎司）

奶油霜

糖粉 250 克（1¾杯），過篩

軟化的奶油 1 大匙

甜栗子泥 150 克（½杯）

奶油起司 70 克（⅓杯）

牛乳少許（如有須要）

甘那許

高脂鮮奶油 60 毫升（¼杯）

純／苦甜巧克力 200 克（7 盎司）

奶油 15 克（1 大匙）

金黃糖漿／淺色玉米糖漿 1 大匙

20 公分（8 吋）的圓形蛋糕模 3 個，塗油並鋪上烤盤紙

12 人份

將烤箱預熱至 180℃（350 ℉）瓦斯烤箱刻度 4。

將蛋糕糊均分至 3 個碗中。將四分之三的可可粉加入第一個碗，並攪拌至可可粉完全混入麵糊。將栗子泥和剩餘的可可粉加入另一個碗，並拌勻。在第 3 個碗加入香草精。再將每份蛋糕混料舀進蛋糕模，烘烤 25 — 30 分鐘，烤至用手按壓，蛋糕會彈回，而且用刀子插入每塊蛋糕的中心，刀子不會沾附麵糊為止。讓蛋糕在模中放涼幾分鐘，然後在網架上脫模，放至完全冷卻。

以隔水加熱的方式製作甘那許，在耐熱碗中放入鮮奶油、巧克力、奶油和糖漿，碗底絕對不可碰到微滾的熱水。加熱至巧克力融化，然後將所有材料攪打至形成滑順有光澤的醬汁。離火並稍微放涼。

製作奶油霜。將糖粉、奶油、栗子泥和奶油起司一起攪打至形成鬆發泛白，若混料過稠就加入少許牛乳。

將每塊蛋糕橫切成兩半。將蛋糕疊在餐盤或蛋糕架上，不同的顏色交替擺放（巧克力、栗子，然後是香草，接著重複步驟），在每層蛋糕間抹上一些奶油霜和一層巧克力甘那許。

將剩餘的甘那許鋪在蛋糕頂端。將一半的糖漬栗子浸入融化的巧克力中，然後擺在蛋糕頂端，和未沾巧克力的糖漬栗子交替排成一圈。你必須等到甘那許冷卻後再進行這個步驟，因為冷卻後又稍微稠化的甘那許，可用來固定糖漬栗子。

蛋糕在密封容器中最多可保存 2 日。

黑莓蘋果蛋糕佐肉桂奶油霜

Blackberry and apple cake with cinnamon buttercream

這道蛋糕的裝飾非常簡單，但因鮮豔的粉紅玫瑰和耀眼的黑莓而顯得動人。這道蘋果風味蛋糕同時以可口的肉桂奶油霜和蘋果泥為內餡，在蘋果和黑莓的季節裡，最適合秋收時享用。

肉桂粉 2 小匙
甜點蘋果 [15] 4 顆，削皮、去核並刨碎
6 顆蛋的蛋糕糊配方 1 份（見 P.9）
黑莓 200 克（1.5 杯）
符合食品安全，不含殺蟲劑的粉紅玫瑰，裝飾用

蘋果泥

甜點蘋果 5 顆
細砂糖 50 克（¼ 杯）
奶油 15 克（1 大匙）

奶油霜

糖粉 450 克（3¼ 杯），過篩、外加撒在表面用量
軟化的奶油 100 克（7 大匙）
肉桂粉 1 小匙
牛乳 3 — 4 大匙（如有須要）

23 公分（9 吋）的圓形彈簧扣蛋糕模 2 個，塗油並鋪上烤盤紙

16 人份

先製作蘋果泥，因為它必須在放涼後使用。將蘋果削皮並去核，切成小塊。放入醬汁鍋中，並加入糖和 60 毫升（¼ 杯）的水，以小火慢燉至蘋果變得非常軟。在鍋中加入奶油，持續燉煮至奶油融化，然後在一旁放涼。

將烤箱預熱至 180℃（350 ℉）瓦斯烤箱刻度 4。

製作蛋糕。將肉桂和刨碎的蘋果拌入蛋糕糊，將混料均分至蛋糕模。烘烤 30 — 40 分鐘，烤至蛋糕呈現金棕色，用手按壓，蛋糕會彈回，而且用刀子插入每塊蛋糕的中心，刀子不會沾附麵糊為止。讓蛋糕在模中放涼幾分鐘，然後在網架上脫模，放至完全冷卻。

製作奶油霜。將糖粉、奶油和肉桂一起攪打至形成滑順濃稠的糖衣，而且將攪拌器提起時會形成直立尖角，若混料過稠就加入少許牛乳。

組裝蛋糕。用大型鋸齒刀將每塊蛋糕橫切成兩半。將其中半塊蛋糕擺在餐盤或蛋糕架上，鋪上一層奶油霜和三分之一的蘋果泥。疊上另外半塊蛋糕，並重複動作，直到形成四層蛋糕，且用完所有的蘋果泥。將剩餘的奶油霜鋪在蛋糕頂端的中央，撒上糖粉。在奶油霜頂端擺放黑莓和玫瑰，立刻端上桌。請在切蛋糕前將玫瑰移除，因為它們只做為裝飾。千萬不要食用裝飾用花，除非你確定這麼做安全無虞。

蛋糕在密封容器中最多可保存 3 日，建議在端上桌前再擺放水果和玫瑰，以呈現最美麗的狀態。

15 甜點蘋果（dessert apple），指可新鮮生食，亦可供烹飪使用的蘋果品種，目前大多數培育的蘋果品種均屬此類，有別於專用來釀酒，香味濃郁但果實酸澀的蘋果品種。

南瓜蛋糕 *Pumpkin cake*

這道討人喜愛的蛋糕因南瓜泥而顯得濕潤，並具有薑、肉桂和綜合香料的細緻辛香味。這道秋意濃厚的蛋糕，疊上南瓜籽糖片後更增添戲劇性效果。

南瓜泥 250 克（9 盎司，如利比〔Libby〕南瓜）
香草豆粉 ½ 小匙或純香草精 1 小匙
綜合香料粉／蘋果派香料 1 小匙
薑粉 1 小匙
肉桂粉 1 小匙
丁香粉 1 撮
6 顆蛋的蛋糕糊配方 1 份（見 P.9）

奶油霜

糖粉 350 克（2.5 杯），過篩
奶油起司 1 大匙
軟化的奶油 1 大匙
牛乳少許（如有須要）

裝飾用

細砂糖 100 克（½ 杯）
南瓜籽 1 大匙

甘那許

高脂鮮奶油 60 毫升（¼ 杯）
純／苦甜巧克力 200 克（7 盎司）
奶油 15 克（1 大匙）
金黃糖漿／淺色玉米糖漿 1 大匙

23 公分（9 吋）的圓形彈簧扣蛋糕模 2 個，塗油並鋪上烤盤紙
烤盤 1 個，鋪上矽膠烤盤墊或烤盤紙

將烤箱預熱至 180°C（350 °F）瓦斯烤箱刻度 4。

將南瓜泥、香草和香料粉拌入蛋糕糊中。將混料均分至蛋糕模。在預熱好的烤箱內烘烤 30 — 40 分鐘，烤至用手按壓，蛋糕會彈回，而且用刀子插入每塊蛋糕的中心，刀子不會沾附麵糊為止。讓蛋糕在模中放涼幾分鐘，然後在網架上脫模，放至完全冷卻。

製作裝飾。在醬汁鍋中以小火將糖加熱至融化，並轉變為淡淡的金棕色。請勿攪動鍋子，只須搖動鍋子，讓糖持續流動。在焦糖開始融化時，請仔細地留意，因為糖非常容易燒焦。一煮成焦糖，就立刻將南瓜籽撒在預備的烤盤上，並淋上焦糖。讓糖放涼並凝固。一凝固就立刻將糖敲成碎片。

製作奶油霜。將糖粉、奶油起司和奶油一起攪打至鬆發泛白，若混料過稠就加入少許牛乳。

以隔水加熱的方式製作甘那許，在耐熱碗中放入鮮奶油、巧克力、奶油和糖漿，碗底絕對不可碰到微滾的熱水。加熱至巧克力融化，然後將所有材料攪打至形成滑順有光澤的醬汁。離火並稍微放涼。

將一塊蛋糕擺在餐盤或蛋糕架上，並用抹刀或金屬刮刀在頂端均勻地抹上奶油霜。再擺上第 2 塊蛋糕。

用抹刀或金屬刮刀在蛋糕頂端鋪上甘那許，然後以南瓜籽糖片裝飾。

蛋糕在密封容器中最多可保存 3 日，建議在製作當天食用完畢。在端上桌前再以糖片進行裝飾。

14 人份

榛果秋收蛋糕 *Hazelnut harvest cake*

我喜愛在村裡的秋收晚餐時端出這道蛋糕。糖漬榛果和可口的榛果奶油霜的搭配，讓這道蛋糕非常受歡迎。若因個人偏好，亦可用胡桃（pecan）或核桃（walnut）來取代榛果。

榛果醬或榛果花生醬 2 大匙
4 顆蛋的蛋糕糊配方 1 份（見 P.9）
切碎的烤榛果 50 克（將近 ½ 杯）

榛果奶油霜

榛果醬 1 大匙
糖粉 250 克（1 ¾ 杯），過篩
軟化的奶油 15 克（1 大匙）
牛乳少許（如有須要）

糖漬榛果

細砂糖 100 克（½ 杯）
整顆榛果 14 顆

18 公分（7 吋）的活底深蛋糕模 1 個，塗油並鋪上烤盤紙
竹籤 14 根
烤盤 1 個，鋪上矽膠烤盤墊或烤盤紙
裝有大型圓口擠花嘴的擠花袋 1 個

8 人份

將烤箱預熱至 180℃（350 ℉）瓦斯烤箱刻度 4。

將榛果醬攪拌至蛋糕糊中，接著拌入切碎的烤榛果。將混料倒入蛋糕模，在預熱好的烤箱內烘烤 40 — 50 分鐘，烤至用手按壓，蛋糕會彈回，而且用刀子插入每塊蛋糕的中心，刀子不會沾附麵糊為止。讓蛋糕在模中放涼幾分鐘，然後在網架上脫模，放至完全冷卻。

製作榛果奶油霜。將榛果醬、糖粉和奶油一起攪打至形成滑順濃稠的糖衣，若混料過稠就加入少許牛乳。

製作糖漬榛果裝飾。在醬汁鍋中以小火將糖加熱至融化，並轉變為淡淡的金棕色。請勿攪動鍋子，只須搖動鍋子，讓糖持續流動。在焦糖開始融化時，請仔細地留意，因為糖非常容易燒焦。一煮成焦糖，就立刻將鍋子離火，靜置幾分鐘，讓焦糖開始變得濃稠。

將每顆榛果插在一根竹籤上，然後逐一浸入焦糖。將榛果從鍋中拔出，讓焦糖在榛果上形成長長一條拔絲。讓榛果朝下一會兒，待焦糖開始凝固，然後擺在烤盤上放涼，讓焦糖完全凝固。剩餘的所有榛果也以同樣方式進行（如果有人幫你拿著沾好焦糖的榛果會較容易進行，這樣你就能趁焦糖還溫熱時，持續將榛果浸入焦糖中）。若焦糖開始變得過稠，只要將鍋子再加熱幾分鐘即可。一旦暴露在空氣下，榛果會隨著時間而變黏，因此建議在蛋糕端上桌之前的不久再製作糖漬榛果，以求獲得最佳效果。

將奶油霜舀進擠花袋。用大型鋸齒刀將蛋糕橫切成兩半，然後將底層的半塊蛋糕擺在餐盤上。在蛋糕頂端擠上一層榛果奶油霜，並疊上第 2 塊切半蛋糕。在蛋糕頂端擠出小尖角狀的奶油霜，再用焦糖榛果排成一圈做為裝飾。

蛋糕（沒有榛果裝飾）在密封容器中最多可保存 3 日。

咖啡核桃蛋糕 *Coffee and walnut cake*

我在父親節為我父親製作這道蛋糕，因為他非常喜愛咖啡和核桃。鋪上光滑的咖啡翻糖糖衣和核桃帕林內（walnut pralines），這道蛋糕製作起來非常快速且容易，也非常適合特殊節慶場合。咖啡鹽是一種非常神奇的食材，相當適合用在這道蛋糕上，可從優質的熟食店和網路上購入。

核桃仁或核桃碎 100 克（¾杯）
6 顆蛋的蛋糕糊配方1份（見 P.9）
咖啡精 1 小匙
濃縮咖啡 1 份
咖啡鹽 1 撮（或普通海鹽）
高脂鮮奶油 500 毫升（2 杯）

帕林內（PRALINE）

細砂糖 100 克（½ 杯）
核桃仁或核桃碎 100 克（¾杯）

鏡面糖衣（GLACE ICING）

翻糖／糖粉 200 克（1.5 杯），過篩
濃縮咖啡 1 份
咖啡精 1 小匙

23 公分（9 吋）的圓形蛋糕模 2 個，塗油並鋪上烤盤紙
烤盤 1 個，鋪上矽膠烤盤墊或烤盤紙
食物處理機
裝有大型星形擠花嘴的擠花袋 1 個

12 人份

將烤箱預熱至 180℃（350 ℉）瓦斯烤箱刻度 4。

用食物處理機將核桃打成碎屑，接著連同咖啡精、濃縮咖啡和咖啡鹽一起拌入蛋糕糊中，攪拌勻勻。將混料均分至蛋糕模中。

在預熱好的烤箱內烘烤 25 — 30 分鐘，烤至用手按壓，蛋糕會彈回，而且用刀子插入每塊蛋糕的中心，刀子不會沾附麵糊為止。讓蛋糕在模中放涼幾分鐘，然後在網架上脫模，放至完全冷卻。

製作核桃帕林內。在醬汁鍋中以小火將糖加熱至融化，轉動鍋子，以免糖燒焦。請勿攪拌。請仔細地留意，因為糖非常容易燒焦。糖一呈現金黃的焦糖色，就將核桃鋪在預備的烤盤上，將約 10 顆核桃稍微間隔開來擺放，剩餘的則緊密地排放。為 10 顆核桃分別淋上一些焦糖——做為裝飾用。將剩餘的焦糖淋在其餘的核桃上，放涼，接著敲成碎片，再用食物處理機打成碎屑。由於帕林內將加進奶油霜中，所以其中務必不能有大型結塊，否則將無法通過擠花袋的擠花嘴。

製作餡料。將鮮奶油打發至形成直立尖角，接著用橡皮刮刀拌入帕林內的粉末。將奶油醬舀進擠花袋。

用大型鋸齒刀將蛋糕橫切成兩半。將其中半塊蛋糕擺在餐盤上，並在蛋糕上擠出一層帕林內奶油醬。擺上第 2 塊切半蛋糕，擠出星形的奶油醬。重複擠出奶油醬和疊上蛋糕的步驟，直到用完所有蛋糕。

製作糖衣。將糖粉、濃縮咖啡和咖啡精攪拌至形成光滑濃稠的糖衣。你可能不會用到所有的濃縮咖啡，因此請逐步加入。用抹刀或金屬刮刀將糖衣抹在蛋糕頂端。

直接端上桌或是冷藏儲存至準備好要享用的時刻。由於蛋糕含有鮮奶油，冷藏最多可保存 2 日，建議在製作當天食用完畢。

歡慶聖誕酥頂蛋糕

Festive crumble Christmas cake

聖誕蛋糕永不退流行，但也有人就是不喜歡傳統的杏仁膏和糖衣，所以這道蛋糕特別適合他們。頂層僅以簡單的酥頂為裝飾，並撒上糖粉，營造出下雪的效果。

綜合水果與果皮 250 克（滿滿 1.5 杯）
蘇丹娜／黃金葡萄乾 150 克（滿滿 1 杯）
烤杏仁片 100 克（1¼ 杯）
蘭姆酒 250 毫升（1 杯）
君度橙酒 100 毫升（⅓ 杯）
軟化的奶油 225 克（2 條）
黑砂糖 115 克（½ 杯加 1 大匙）
細砂糖 115 克（½ 杯加 1 大匙）
蛋 4 顆
自發麵粉 280 克（滿滿 2 杯），過篩
綜合香料粉／蘋果派香料 1 小匙
薑粉 1 小匙
肉桂粉 1 小匙

酥頂頂飾

自發麵粉 115 克（¾ 杯）
細砂糖 60 克（將近⅓ 杯）
肉桂粉 1 小匙
奶油 60 克（½ 條）
糖粉，撒在表面

23 公分（9 吋）的圓形彈簧扣蛋糕模 1 個，塗油並鋪上烤盤紙
符合食品安全的節慶裝飾用綠葉

10 人份

在碗中放入綜合水果、蘇丹娜／黃金葡萄乾和杏仁片，再倒入蘭姆酒和君度橙酒。用保鮮膜包起，浸泡幾小時或一整夜，直到水果膨脹。

將烤箱預熱至 180℃（350 ℉）瓦斯烤箱刻度 4。

在大型攪拌碗中，用電動攪拌器將奶油、黑砂糖和細砂糖攪打至鬆發泛白。加入蛋並再度攪打。用橡皮刮刀拌入麵粉、綜合香料粉／蘋果派香料、薑、肉桂和泡酒的水果，攪拌至所有材料都充分混合。將混料舀進蛋糕模，烘烤 1 小時。

利用這段時間製作酥頂頂飾。在大型攪拌碗中攪打麵粉、糖和肉桂，並用手指將奶油揉進麵糊中，直到混料形成許多大大的結塊。小心地將烤箱門打開，將酥頂撒在蛋糕上，烘烤 15 — 30 分鐘，烤至用刀子插入每塊蛋糕的中心，刀子不會沾附麵糊，而且酥頂頂飾變為金棕色為止。讓蛋糕在模中放涼幾分鐘，然後在網架上脫模，放至完全冷卻。

冷卻後，將蛋糕擺在餐盤上並在頂端撒上厚厚一層糖粉，營造出下雪的效果。在蛋糕架上的蛋糕周圍擺上小枝的裝飾用綠葉。

蛋糕在密封容器中最多可保存 5 日。

索 引

致 謝

感謝RPS的大家對這項美麗專案懷抱著信心——特別要感謝辛蒂和茱莉亞委託我撰寫本書，感謝凱特‧艾迪森（Kate Eddison）的耐心編輯，藝術總監雷斯麗‧哈瑞頓（Leslie Harrington）和羅倫‧萊特（Lauren Wright）的全方位協助。史堤夫‧潘特（Steve Painter）和露西‧麥凱維（Lucy McKelvie），你們又再度做到了——由於你們美麗的藝術作品和令人驚豔的攝影，這是我目前最愛的書。你們在我的食譜上施展了魔法。HHB代理商的大家我愛你們，感謝你們的持續支持。致格瑞斯（Gareth）、艾美（Amy）、包溫（Bowen）和韓特（Hunter）——儘管你們遠在千里之外，但你們提供了如此出色的食譜靈感——我愛你們。同樣也要感謝我媽、邁克（Mike）、我爸和麗茲（Liz），感謝你們在我撰寫本書時給我所有的愛和支持。我也愛凱西（Kathy）和西蒙（Simon），並感謝你們。

布朗（Brown），感謝你提供一切食用花的靈感。感謝所有好心試吃所有蛋糕並提出批評意見的人——珍（Jane）、傑夫（Geoff）、大衛（David）、露西（Lucy）、帕比（Poppy）、珍美瑪（Jemima）、艾瑪（Emma）、喬伊（Joy）、貝瑞（Barry）、貝茲一家（the Bates family）、寶琳（Pauline）、邁爾斯（Miles）、傑西（Jess）、喬許（Josh）、羅西（Rosie）、瑪琳（Maren）、喬絲汀娜（Justina）、瑪格麗特（Margaret）、帕姆（Pam）、緹娜（Tena）和安費諾（Amphenol）的所有人。還要特別一提的是WOAC的成員，他們吃下本書中大部分的蛋糕——羅斯（Russ）、夏洛特（Charlotte）、丹（Dan）、史都華（Stuart）、西蒙（Simon）、史都華（Stuart）、湯米（Tommy）、鮑伯（Bob）、凱斯（Keith）、弗儂（Vernon）、凱蒂（Katie）、小約翰（Little John）、約翰（John）、克里斯（Chris）、狄娜（Deana）、伊莫珍（Imogen）、安珀（Amber）、奧立（Oli）、彼特（Pete）、派特（Pat）、艾瑞克（Eric）——感謝大家。